太阳能光伏组件典型环境检测技术探析

施成营　王光红　吴亚盼　叶行方　刘丁璞　李沛泽　徐国宁　编著

电子工业出版社

Publishing House of Electronics Industry

北京·BEIJING

内 容 简 介

本书对光伏组件典型环境下对应的最新检测技术和方法进行了系统论述,全书内容涵盖光伏组件典型环境检测技术,包括光伏组件箱模拟运输检测、砂尘检测、不均匀雪载检测、光伏组件热斑耐久性试验、旁路二极管功能检测及在不同角度的入射光情况下光伏组件光电性能检测和双面光伏组件光电性能的检测技术和检测方法。很多检测技术是作者多年的研究成果,属于业内首次开发并获得国家检测资质。

本书结合国际最新光伏组件技术和检测标准,每章分别系统地讲解和分析一种检测技术,从方法到数据再到结果分析,既易于理解又与实践紧密结合,非常适合光伏组件技术研发人员、检验检测从业人员参考,也可供光伏相关专业学生学习使用。

图书在版编目(CIP)数据

太阳能光伏组件典型环境检测技术探析/施成营等编著. —北京:电子工业出版社,2020.9
ISBN 978-7-121-39522-2

Ⅰ. ①太… Ⅱ. ①施… Ⅲ. ①太阳能电池－环境监测－研究 Ⅳ. ①TM914.4

中国版本图书馆 CIP 数据核字(2020)第 170182 号

责任编辑:钱维扬
印　　刷:涿州市般润文化传播有限公司
装　　订:涿州市般润文化传播有限公司
出版发行:电子工业出版社
　　　　　北京市海淀区万寿路 173 信箱　　邮编:100036
开　　本:720×1000　1/16　印张:8.25　字数:211.2 千字
版　　次:2020 年 9 月第 1 版
印　　次:2023 年 8 月第 3 次印刷
定　　价:36.00 元

凡所购买电子工业出版社图书有缺损问题,请向购买书店调换。若书店售缺,请与本社发行部联系,联系及邮购电话:(010)88254888,88258888。

质量投诉请发邮件至 zlts@phei.com.cn,盗版侵权举报请发邮件至 dbqq@phei.com.cn。

本书咨询联系方式:(010)88254459。

前　言

太阳能资源丰富，非常有利于太阳能光伏发电的开发利用。我国幅员辽阔，气候环境复杂，使用太阳能的环境严酷，例如西北的风沙、暴雪、冰雹、紫外光，东南湿热环境下的 PID 效应，组件遮挡的热斑效应，沿海高盐的气候，农林里高浓度氨气等腐蚀性气体都会对安装后的太阳能光伏组件造成损害，降低使用性能和年限。光伏组件由生产工厂运输到光伏电站安装使用，长途运输又显著增加了光伏组件受损的概率。太阳光的入射角度和双面电池背面入射光的吸收也会影响光伏组件的发电量。本书主要介绍光伏组件典型环境检测技术，包括光伏组件箱模拟运输检测、砂尘检测、不均匀雪载检测、光伏组件热斑耐久性试验、旁路二极管功能检测及在不同角度的入射光情况下光伏组件光电性能检测和双面光伏组件光电性能的检测技术和检测方法。很多检测技术是作者多年的研究成果，属于业内首次开发并获得国家检测资质。本书内容如下。

第 1 章　太阳能电池和光伏组件的结构及工作原理。

第 2 章　光伏组件高风速砂尘检测技术。

第 3 章　光伏组件不均匀雪载检测技术。

第 4 章　光伏组件热斑耐久性试验和旁路二极管功能检测技术。

第 5 章　光伏组件箱模拟运输检测技术。

第 6 章　太阳光入射角对光伏组件光电特性的影响。

第 7 章　双面光伏组件光电特性检测技术。

本书以检测技术为主线，结合新颁布的检测标准和翔实的数据分析，对从事光伏组件技术研发、质量检测和教学研究的相关专业人员具有很好的借鉴作用。本书内容来源于第一线的检测技术研究，具有先进性和实践性强的特点。

本书编者施成营、叶行方、吴亚盼、刘丁璞和李沛泽来自中国信息通信研究院，施成营负责统编全书。其中，叶行方参与了 3.3 节的编写，李沛泽、吴亚盼分别参与了 4.3 节和 4.4 节的编写。中国科学院电工研究所王光红博士参与了 7.3

节的编写和全书的数据核对工作。刘丁璞参与了第 7 章的技术讨论和修改工作。南昌大学学生杨文、殷明、吴先民、林芳祁在中国信息通信研究院实习期间，在施成营的指导下参与了本书部分章节的实验和数据整理工作。

编著者

2020 年 6 月

目 录

第1章 太阳能电池和光伏组件的结构及工作原理

1.1 太阳能电池简介

清洁、可再生能源是 21 世纪人类发展的动力源泉，传统的化石燃料由于其不可再生性和污染性将逐渐被替代。在清洁、可再生能源中，每年投射到地面上总值约为 1.05×10^{18} kW 的太阳能是储量最大、最稳定和最持久的可再生能源。利用太阳能的方式有很多，将太阳能直接转换成电能的太阳能电池是有效利用太阳能的最佳方式之一。

太阳能电池是利用半导体的光伏效应将入射的太阳光（能）直接转换成电能，是一种清洁、高效、无污染的"绿色"新型能源。1954 年，贝尔实验室的 Chapin 等人[1]成功研制第一个具有实用价值的硅太阳能电池，时至今日，太阳能电池已经历了 60 多年的发展历史，种类繁多，样式多样。现有的太阳能电池按照材料的不同可分为如下几类：（1）以硅材料作为基体的硅太阳能电池，主要包括单晶体硅太阳能电池[2,3]、多晶体硅太阳能电池[3,4]、微晶体硅太阳能电池[5]和非晶体硅太阳能电池[6,7]；（2）化合物太阳能电池，主要包括 CIGS 太阳能电池[8-10]和 CdTe 太阳能电池[11,12]；（3）砷化镓太阳能电池[13,14]；（4）染料敏化太阳能电池[15]；（5）钙钛矿太阳能电池[16]。

太阳能光伏发电的基本原理是利用太阳能电池（一种类似于晶体二极管的半导体器件）的光生伏打效应直接把光子的能量转变为电能。太阳能光伏发电的能量转换器就是太阳能电池，也称为光伏电池。当太阳光照射到由 P 型和 N 型两种不同导电类型的同质半导体材料构成的太阳能电池上时，其中一部分光线被反射，一部分光线被吸收，还有一部分光线透过太阳能电池。被吸收的光线能激发被束缚的高能级状态下的电子，产生电子—空穴对，在 PN 结的内建电场作用下，电子、空穴相互运动，n 区的空穴向 p 区运动，p 区的电子向 n 区运动，使太阳能电池的负极有大量负电荷（电子）积累，正极有大量正电荷（空穴）积累。太阳能电池（光伏电池）发电原理如图 1.1 所示。若在电池两端接上负载，负载上就有电流流过，当光线一直照射时，负载上将源源不断地有电流流过。单片太阳能电池就是一个薄片状的半导体 PN 结。

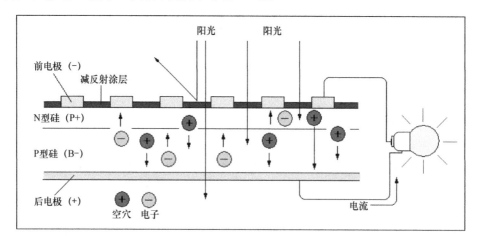

图 1.1 太阳能电池（光伏电池）发电原理

单晶体硅和多晶体硅太阳能电池的制备技术最成熟，其结构和生产工艺不断更新，产品性能不断提升，并被广泛用于地面电站。这种太阳能电池以高纯度的单晶体硅或者多晶体硅为原料，为了降低生产成本，多采用太阳能级的单晶体硅，对材料纯度的要求有所降低。目前单晶体硅太阳能电池的光电转换效率为 24.7%[2]。硅材料的地球储量极为丰富，太阳能级硅材料的价格逐年走低促进了硅太阳能电池的爆炸式发展，光伏用硅片的厚度将由近年的平均 180 μm 逐渐降低，到 2026 年预计可降低到 150 μm。制造成本的逐年降低使光伏发电成本越来越接近于平价上网。制备单晶体硅和多晶体硅光伏组件的工序已十分成熟（见图 1.2）。自 20 世纪 80 年代以来，欧美发达国家开始研制多晶体硅太阳能电池。多晶体硅太阳能电池的制造工艺与单晶体硅太阳能电池相仿，其光电转换效率稍低于单晶体硅太阳能电池。与单晶体硅太阳能电池相比，多晶体硅材料制造简便，材料利用率高，节约能耗，总的生产成本有所降低。

2000 年后，太阳能电池的产能逐年快速增长。2019 年，我国电池片和光伏组件产量分别达到 108.6GW 和 98.6GW，同比分别增长了 22.3%和 17%。晶体硅光伏组件已在市场中占据绝对主导地位，太阳能级硅锭价格的暴跌也促进了光伏组件产业化的发展，而薄膜太阳能电池的市场份额逐渐减少。薄膜太阳能电池主要是指转换效率和制备成本相对较低的非晶硅、碲化镉和 CIGS 等。薄膜太阳能电池是通过将具有不同功能和作用的一系列薄膜经过连续沉积等工艺制作而成的。当前有代表性的薄膜太阳能电池包括硅薄膜（非晶硅和微晶硅）、CIGS 和 CdTe。在这几种薄膜太阳能电池中，非晶硅薄膜太阳能电池技术最成熟，在世界上已经有多家公司生产该类电池；CIGS 和 CdTe 不仅转换效率较非晶硅薄膜电池高，而且衰减小。薄膜太阳能电池与晶体硅太阳能电池相比效率低、生产规模小，在 2010 年后其市场份额逐渐减少，晶体硅太阳能电池逐渐成为无可争辩的主流产品。

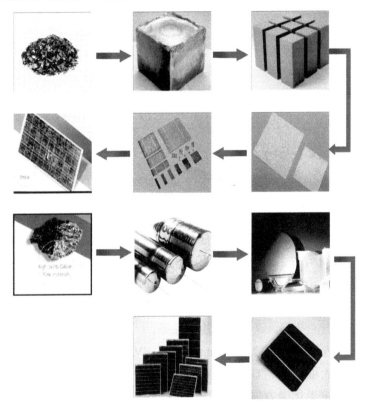

图 1.2　制备单晶体硅和多晶体硅光伏组件的工序

1.2　光伏组件结构

在标准光照条件下，地面使用的太阳能电池的额定输出电压为 0.5～1V，具体由太阳能电池吸收层的带隙宽度决定。为了获得较高的输出电压和较大的功率容量，往往要把多片太阳能电池级联在一起构成太阳能电池组件（简称光伏组件）和太阳能光伏电站。光伏组件是将太阳光能直接转变为直流电能的光伏发电装置，是具有封装及内部联结的、能单独提供直流电输出的、最小可分割的太阳能电池组合装置，其结构如图 1.3 所示。光伏组件工作寿命的长短与封装材料和封装工艺有很大的关系。主要的封装材料包括低铁钢化玻璃（Glass）、胶膜（EVA）、背膜（TPT）、铝合金边框（Frame）和接线盒等。

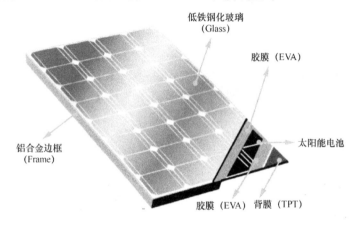

图 1.3　光伏组件结构

- 低铁钢化玻璃（Glass）：采用低铁（主要影响玻璃的脆性）绒面钢化玻璃，厚度约为 3.2 mm，在太阳能电池光谱响应的波长范围内（320～1100 nm），透光率可达 91% 以上，耐紫外光线的辐射，透光率不下降。低铁钢化玻璃制造的组件需承受 25 mm 直径冰球以 23 m/s 速度的撞击，高低温冲击，盐雾、氨气和风沙侵蚀等。

- 胶膜（EVA）：厚度约为 0.5 mm 的优质 EVA 膜层作为太阳能电池的密封剂，是前表面玻璃、TPT（或后背板玻璃）之间的黏合剂，具有较高的透光率和抗老化能力。太阳能电池封装用的 EVA 胶膜固化后的性能要求：透光率大于 90%；交联度为 65%～85%；要求玻璃/胶膜的剥离强度大于 30 N/cm，TPT/胶膜的剥离强度大于 15 N/cm；耐温性为高温 105℃和低温−40℃。

- 背膜（TPT）：组件的背板材料，需满足耐老化、耐腐蚀、耐紫外线辐射和不透水气等基本要求。

- 铝合金边框（Frame）：所采用的铝合金边框具有提升组件强度和抗机械

冲击的能力。双玻组件有时会采用无边框结构。

- 接线盒：主要作用是将组件产生的电力与外部线路连接，由盒体、线缆和连接器 3 部分构成。

1.3　光伏组件的工作环境

光伏组件的面积一般不大于 1 m×2 m，功率一般不高于 500 W，电压和电流分别为 50 V 和 10 A，很难满足实际需要。为了能够满足大功率电力输出的要求，组件通常被安装在支架上，并按照一定的设计要求串并联，经汇流、逆变和升压后，形成大型地面电站或者分布式光伏电站，对外输出源源不断的电能。

大型并网光伏电站主要建设在面积较大的开阔地（如沙漠、戈壁、滩涂、荒地、草原、山地、水面、农业大棚或者沼泽地等），属于发电侧并网，一般需要远距离电力传输，并网等级为 35 kV 或者 110 kV，电站装机容量在 20 MW 级以上。大型并网光伏电站主要包括组件、支架、汇流箱、直流配电柜、逆变器、升压变压器、监控系统、电气二次设备和建筑物等。大型并网光伏电站实例如图 1.4 所示。

图 1.4　大型并网光伏电站实例

分布式并网光伏系统通常是指利用分散式资源、装机规模较小、建设在用户附近的发电系统，一般接入低于 35 kV 或更低电压等级的电网。分布式并网光伏系统主要建设于面积较小的开阔地或建筑屋顶，系统直接在用户侧并网，不需要远距离传输，与电网配合向用户供电。系统并网等级为 220 V，一般装机容量在 20 MW 以下。分布式并网光伏系统主要包括组件、支架、汇流箱、逆变器、监控系统和电气二次设备等。分布式并网光伏系统实例如图 1.5 所示。分布式光伏电站特指接近用户侧，将产生的电能就近使用的光伏电站系统。

图 1.5　分布式并网光伏系统实例

独立光伏电站主要建设于远离公共电网的无电地区和一些特殊场所，为边远偏僻农村、牧区、海岛居民提供基本的生活用电。独立光伏电站配置有一定数量的蓄电池，将白天的太阳能电力存储至夜间使用。独立光伏电站的蓄电容量从几千瓦到几十千瓦，常与风力发电机、柴油发电机互补发电。独立光伏电站主要包括组件、支架、汇流箱、充放电控制器、蓄电池、逆变器、监控系统、电气二次设备、建筑物和输电线路等。独立光伏电站实例如图 1.6 所示。

图 1.6　独立光伏电站实例

独立光伏电站结构如图 1.7 所示。

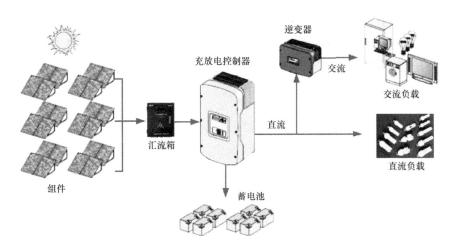

图 1.7　独立光伏电站结构

组件是光伏电站的核心组成部件，其光电性能、机械性能、安全性和耐候性直接决定了光伏电站的稳定性和经济效益。组件被安装在户外支架上，设计使用年限一般为 25 年，若在此期间产生质量问题，更换和维护成本很高，因此必须保证组件能够经受户外严酷自然条件的考验并保持产品质量的长期稳定性和可靠性。

以中国为例，中国南北跨纬度广，各地接收太阳辐射热量的多少不等。根据各地超过 10℃ 积温高低的不同，中国自北向南跨越寒温带、中温带、暖温带、亚热带和热带等温度带，同时包含特殊的青藏高寒区。另外中国跨经纬度较广，距海远近差距较大，加之地势高低不同，地形类型和山脉走向多样，因而气温和降水的组合丰富，形成了多种多样的气候。从气候类型上看，东部属季风气候（又可分为亚热带季风气候、温带季风气候和热带季风气候），西北部属温带大陆性气候，青藏高原属高寒气候。中国自然条件复杂，灾害性天气种类繁多，不同地区又有很大差异。灾害性天气可发生在不同季节，且一般具有突发性，这对户外安装的组件具有严重威胁，会造成重大损失的天气有大风、暴雨、冰雹、台风、寒潮、霜冻和沙尘暴等，同时盐雾、氨气等腐蚀性气体也会对组件造成损害。

严酷的自然条件和灾害性天气是造成组件损害的直接原因，因此研究组件在严酷典型环境下的性能具有重要的意义。我们希望通过组件检测，确保组件能够依据使用环境达到国际或者行业制定的性能及安全标准，常见的有机械性能检测、电学性能检测、耐候性检测和安全性能检测，通过检测产品所获得的相应检测能力证明，可以确保组件在经受相应的严酷环境后，产品性能在一定时期内保持稳定。

第2章 光伏组件高风速砂尘检测技术

虽然我国太阳能资源丰富的西北地区非常有利于推广太阳能光伏电站，但是该地区荒漠化比较严重，多风、多砂的气候特点使得风中携带的砂尘颗粒会在太阳能光伏组件表面产生刻蚀等作用。在被高风速砂尘刻蚀后，即使对光伏组件表面充分清洗，其表面也会变得模糊不清，使得光伏组件表面的透光率明显下降，从而造成光伏组件的发电效率降低。

本章主要介绍晶体硅光伏组件抗砂尘能力的检测方法，依据 GB/T 2423.37-2006/IEC 60068-2-68:1994，采用特定风速、砂尘浓度、砂尘颗粒度和吹砂时间，研究光伏组件刻蚀对组件功率和安全性能所造成的影响。本章如果没有特别标明，则按照统一石英砂的粒径配比，风速设定为 20 m/s，光伏组件正、反面按垂直风速各吹砂 4 个小时。

2.1 中国自然环境和适用光伏组件的典型环境

我国绝大部分大型光伏电站都分布在西北地区：一是因为该地区的大气层透过率高，全年晴天多，遮挡少，光照条件充足，为大规模光伏发电提供了有利的条件；另一方面是因为这些地区地广人稀，拥有丰富、成本较低的土地资源。西北地区是我国沙漠和荒漠化最为严重的地区，同时也是沙尘暴比较严重的地区。根据相关文献统计，我国的戈壁、沙漠及荒漠化土地约为 17200 km²，占我国总陆地面积的 17.3%左右[1-4]。荒漠化地域与太阳能资源相对丰富的区域均分布在西北部，除青藏高原外，我国荒漠化的区域与太阳能辐照量丰富的区域大多相互重叠。

太阳能是最重要的可再生能源之一。近年来，光伏组件的性能改善和衰退效应、光伏系统的使用和稳定性成为人们关注的焦点[5-12]。环境条件（如扬尘、沙尘暴、冰雹、风速、空气污染、气温）、安装因素（如倾斜角、安装地点等）都影响着光伏组件的性能和光伏系统的输出功率[13-18]。特殊恶劣的室外砂尘环境，例如在沙漠地区出现的沙尘暴，高速行驶的车辆卷起的砂尘等都会改变光伏电站周围的局部环境，空气和砂尘的流动会对光伏组件产生影响。

近年来，由于光伏系统的发展，大量的研究工作都集中在研究砂尘对光伏组件和系统的影响上。砂尘的积累不仅影响太阳能光伏组件的性能，而且会由于影响太阳辐射强度、表面温度和产生局部遮光从而降低组件的寿命。Salari 用数值方法研究了砂尘沉降对光伏电站系统性能的影响[20]。Lu 等人用数值方法研究了砂尘粒径、不同释放颗粒量和重力对砂尘沉积速率的影响[21]。Abderrezek 等人研究了砂尘粒径类型的沉积对光伏组件的影响[22]。Gholami 等人通过总结影响积尘的因素，研究了积尘对光伏组件输出电流的影响[23]。Lorenzo 等人在位于卡塔赫纳的一个 2 MW 光伏电站进行了研究，发现由于砂尘的部分阴影，光伏电站的电压损失比短路损失大好几倍[24]。H. Qasem 等人研究了倾斜角度对科威特地区太阳电站位置的砂尘浓度和光谱透射率的影响，发现光伏组件的砂尘积累变化较大，为 1.4 mg/cm^2，大部分砂尘沉降到样品底部[25]。

不同的环境条件对砂尘的沉降速率均有影响。砂尘沉降速率取决于砂尘的化学性质、大小、形状和重量。太阳能光伏系统周围的风场十分复杂。Lu 等人采用计算流体动力学（CFD）的方法对不同风速对光伏组件性能的影响进行了数值预测和分析[21]。在中国西北部、印度、非洲、中东、南美和北美等沙漠地区，沙尘暴会导致光伏组件运行效率低下。恶劣的环境条件会导致电池片隐裂，甚至玻璃封装也会破裂。在沙漠地区，光伏电站的装机容量每年都有相当大的增长，因此开发能够经受高风速砂尘强烈冲击的光伏组件并为此提供高风速砂尘检测是非常必要的。目前关于强风携带的砂粒对太阳能光伏组件性能影响的报道较少。随着光伏组件减反射膜的应用越来越广泛，砂尘检测可以作为判断涂层质量的标准之一。目前灰尘对光伏组件性能的影响已经有系统的研究，但高风速砂尘对光伏组件性能的影响，由于受到检测条件的限制，尚没有系统的研究。而高风速砂尘颗粒对光伏组件前后表面的刻蚀，是光伏组件保持长期发电性能的最大挑战，特别是在风沙侵蚀严重的中国西北部地区。如何降低砂尘对光伏组件性能的影响，提升光伏组件抗击高风速砂尘刻蚀的能力，是保证光伏组件光电转化效率稳定和延长使用寿命的迫切需求，因此研究高风速砂尘对光伏组件的影响具有重要意义。本章利用砂尘检测设备模拟高风速砂尘对组件的侵蚀作用，该检测也适用于模拟自然条件下的露天粉尘环境。这种砂尘耐久性检测对确定真实户外条件下光伏组件的可靠性和寿命至关重要。

以我国土地荒漠化非常严重的西北地区为例，在这里建设的大型地面光伏电站，遭遇风沙几乎是家常便饭，如图 2.1 所示。这也意味着沙尘暴对建成的光伏电站发电量有潜在的危害，并对投资回报率产生决定性的影响。积尘对光伏组件发电效率的影响已经得到人们足够的重视，在许多太阳能光伏电站，会对太阳能光伏组件进行清洗。在太阳能丰富的西北地区建设光伏电站，还必须考虑光伏组件耐受高风速砂尘侵袭的能力。当风沙的速度足够快时，风沙摩擦玻璃表面，可能会刻蚀光伏玻璃表面或破坏玻璃表面的减反射膜层，从而降低光伏组件的有效光入射，即使对组件进行了清洗，前光伏玻璃板的透光性也显著下降。风沙摩擦刻蚀背板表面可能会破坏背板的外层表面，使背板安全性能下降甚至失效，无法起到保护电池片的作用。风沙长期袭击组件玻璃板和背板，带来的撞击可能引起电池片破裂，焊带与电池片接触不良等影响，对设计有排气孔的接线盒而言，还会有大量的砂粒累积在接线盒内，影响二极管的性能。

图 2.1   沙漠地区的大型光伏电站和沙尘暴

2.2   高风速砂尘试验方法和检测流程

光伏组件主要由光伏玻璃、铝合金边框、电池片、背板（TPT 或者玻璃）、EVA、接线盒和二极管等材料组成，如图 2.2 所示。本节主要介绍光伏组件的光伏玻璃、TPT、铝合金边框、电池片和二极管在经历高风速砂尘后的性能变化。

光伏玻璃是指光伏组件的前封装玻璃，目前主流的晶体硅组件所用的光伏玻璃一般为超白钢化压花玻璃，有的在表面镀一层抗反射的增透膜，使其具有更高的太阳能透过率。铝合金边框一般起到固定组件和保护组件的作用，同时可以增加组件的机械强度。电池片是光伏组件的核心部分，通过扩散掺杂等工艺在硅片内形成 PN 结。在光照下，电池片的内部形成一个内建电场，光线注入后，激发晶体硅电池片中的电子—空穴对。这些电子—空穴对在内建电场的作用下分别向相反的方向做漂移运动，通过外电路连接电池片的正反两极便形成了一个闭合回路，这样就将太阳能转化成了电能。电池片质量的优劣直接影响光伏组件的光电转化效率。背板是由多层高分子薄膜经碾压黏合起来的复合膜，主要由 3 层组成：（1）含氟膜（或其替代物）；（2）PET 层（或其替代物）；（3）EVA 黏结层（含氟膜、改性 EVA、PE、PET 等）。背板具有良好的耐候性、绝缘性、低水渗透率和一定的黏结强度。光伏组件运维到后期失效的原因一般是由背板的失效引起的。EVA（乙烯—醋酸乙烯共聚物）是一种因受热发生交联反应从而形成热固性凝胶树脂的热固性热熔胶，用于将电池片与背板黏合在一起，防止外力损坏电池片。

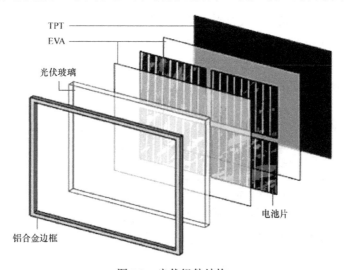

图 2.2 光伏组件结构

目前还没有太阳能光伏组件高风速砂尘的专用检测标准，本章的检测依据以下标准：

（1）IEC 60068-2-68:1994 电气和电子产品的环境试验——第二部分：试验方法—试验 L：砂尘（Environmental testing for electric and electronic products-Part2: Test methods-Test L: Dust and sand）。

（2）IEC 61215:2005 晶体硅地面光伏组件——设计鉴定和型式试验（Crystalline silicon terrestrial photovoltaic（PV）modules – Design qualification and type approval）。

（3）IEC 61730-2:2004 光伏组件安全鉴定——第二部分：试验要求（Photovoltaic（PV）module safety qualification – Part 2: Requirements for testing）。

检测内容和规程主要包括外观检查、最大功率检测、绝缘试验、湿漏电流试验、接地连续性检测、EL 检测、吹砂试验、外观检查、最大功率检测、绝缘试验、湿漏电流试验、接地连续性检测、EL 检测和旁路二极管热性能试验，如图 2.3 所示。

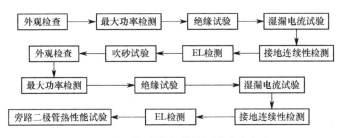

图 2.3　太阳能光伏组件检测内容和规程

2.2.1　试验设备

1. 光伏组件砂尘试验箱

光伏组件砂尘试验箱为砂尘试验提供标准规定的风速、砂尘浓度和砂尘晶粒分布的检测环境，满足 GB/T 2423.37-2006/IEC 60068-2-68:1994 标准对砂尘设备检测需要的技术参数。光伏组件砂尘试验箱如图 2.4 所示。

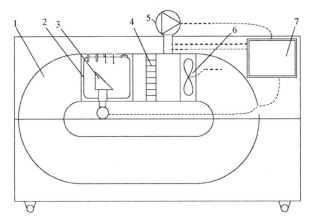

图 2.4　光伏组件砂尘试验箱

光伏组件砂尘试验箱的设备参数如下。

- 空间尺寸：能够放置 1 m×2 m 大小的光伏组件，将组件竖直安装在风道内。
- 试验温度：+40℃～+60℃。
- 工作湿度：≤30%RH。
- 砂尘成分：含量 97%～99%的 SiO_2（石英砂）。
- 砂尘浓度：（5 g±1.5 g）/m^3。
- 砂尘风速：（20±2）m/s，测试精度为±10%。
- 砂尘晶粒尺寸：≤1000 μm。
- 时间控制：定时自动控制。

光伏组件砂尘试验箱的面板可显示并记录腔体内温度、相对湿度、砂尘浓度和风速。

2. 标准筛

标准筛用于确定石英砂的粒径尺寸，将购买的石英砂依次用标准筛分选，并按照一定的比例将不同粒径的石英砂混合好。标准筛的目数分别是 10 目、20 目、30 目、40 目、50 目、70 目和 100 目。常见的标准筛如图 2.5 所示。

图 2.5　标准筛

3. 瞬态太阳光模拟器

瞬态太阳光模拟器用于检测光伏组件的 I–V 特性和性能评价指标，如短路电流（I_{sc}）、开路电压（V_{oc}）、填充因子（FF）、光电转化效率（η）、最大功率（P_{max}）、最大功率时的电压（V_m）和电流（I_m）等。瞬态太阳光模拟器的性能如下。

（1）可变负载精度不低于 0.1 %，每个测量通道（电流、电压、辐照度）均具有足够的温度稳定性，分辨率不低于 16 位，电压和电流的测量范围不低于 400 V 和 50 A。

（2）可以依据正向模式和反向模式进行光伏组件的 I–V 特性检测，自动记录短路电流（I_{sc}）、开路电压（V_{oc}）、并联电阻（R_{sh}）、串联电阻（R_s）、最大功率（P_{max}）、最大功率时的电压（V_m）和电流（I_m）、填充因子（FF）和光电转化效率（η）等。

（3）辐照区域不低于 2.2 m×1.5 m，光谱匹配波长范围应覆盖 300～1200 nm。设备应可以调节覆盖 1000 W/m² 以内的光强范围。

（4）瞬态太阳光模拟器应满足 AAA 等级，即设备应在 2.2 m×1.5 m 的测试范围内和 1000 W/m² 的光强范围内均满足 AM1.5 光谱匹配度优于 25%，辐照均匀度优于 2%，辐照稳定度优于 2% 的计量要求，测试平面上的光照角度应小于 15°，电流和电压的检测重复性优于 0.2%，最大功率检测重复性优于 0.5%。

（5）瞬态太阳光模拟器的闪光时间不低于 10 ns，并能够反向和正向叠加扫

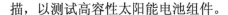

描，以测试高容性太阳能电池组件。

4. 绝缘耐压仪

依据标准 IEC 61215-2，最大检测电压取决于等级分类和最大系统电压。II 等级的最大检测电压 V_{Test} 应等于 2 000 V 加上系统最大电压的 4 倍；0 等级的最大检测电压等于 1 000 V 加上 2 倍的系统最大电压；III 等级的最大检测电压为 500 V。

绝缘耐压仪的设备参数如下。

- 输出电压：50～10 kV；
- 电压精度：3%；
- 电压分辨率：1 V；
- 输出电流：5 mA；
- 电流精度：3%；
- 电流分辨率：1 μA；
- 上限设定：0.01～5 mA；
- 下限设定：0～5 mA；
- 升压时间：0.1～999.9 s；
- 检测时间：0.02～999.9 s。

2.2.2　试验步骤

高风速砂尘试验的详细步骤如下。

（1）依据检测标准配置石英砂，将不同粒径的石英砂精确称重后按照表 2.1 的标准配比均匀，配置完成后，将石英砂颗粒放置在砂尘试验箱漏斗中，确保砂尘试验箱漏斗里的石英砂量能够满足一次试验的需求，如果石英砂不足，应在设备报警后及时补充石英砂。

表 2.1　砂尘试验中的石英砂颗粒尺寸和重量比

石英砂颗粒尺寸/μm	重量比/（%）
<850	100～94.5
<590	98.3～93.3
<420	83.5～74.5
<297	46.5～43.5
<210	17.9～15.9
<149	5.2～4.2

（2）取 3 块同批次光伏组件进行检测，依次进行外观检查、最大功率检测、绝缘试验、湿漏电流试验、接地连续性检测和 EL 检测。

（3）完成以上检测后，取一块光伏组件作为参考件，对另外两块进行吹砂试验。将两块光伏组件先后安装在砂尘试验箱组件架上，并将光伏组件接线盒公母接头插接后固定在组件后的支架上，避免在砂尘试验时接线头对光伏组件造成额外的撞击，安装完成后，将砂尘试验箱门紧闭。

（4）确认砂尘试验箱电路通路，打开砂尘试验箱的总开关，打开机械泵。在砂尘试验箱操作页面上设置参数：砂尘浓度设定为 5～10 g/m^3，试验时间设置为 4 h，风速固定在 20 m/s。依次点亮操作页面的开关、吹砂和进料开关。设备启动 10 min 后观察风速及砂尘浓度是否在要求范围内，如超出试验要求范围，则应关闭设备进行调整。正面吹砂 4 h，待光伏组件和砂尘试验箱冷却至室温，将组件翻转，继续以相同方式对组件背面进行 4 h 的吹砂试验。吹砂结束后，待光伏组件和砂尘试验箱冷却至室温，将组件从支架上取出。

（5）将进行吹砂试验后的光伏组件用高压水枪反复冲洗，直至无可见污渍，并擦拭干净。

（6）依次进行外观检查、最大功率检测、绝缘试验、湿漏电流试验、接地连续性检测和 EL 检测。

（7）二极管功能性检测。

2.2.3 注意事项

（1）由于砂尘在使用中也会有冲蚀磨损的现象，会使得砂尘颗粒在试验中越来越小，因此在试验中砂尘不应重复使用，否则会对试验的准确度造成影响。

（2）光伏组件为易碎品，在试验时要注意轻拿轻放。

（3）在试验完成后要等到光伏组件降至室温后再拆除。

（4）在对光伏组件进行绝缘试验和湿漏电流试验时，要身穿防静电试验服，戴好绝缘手套，踩在橡胶绝缘垫上进行操作，防止触电。

（5）在完成绝缘试验和湿漏电流试验后，要先用导线连接绝缘耐压仪器的正负极，使仪器放电，才能接触仪器和组件。

（6）光伏组件吹砂试验结束后，要进行彻底清洗，避免残留有灰尘影响之后的最大功率检测。

2.2.4 试验设计

吹砂试验所检测的样品主要是两类：单晶体硅光伏组件和多晶体硅光伏组件。检测认证机构如 TÜV SÜD、TÜV NORD、TÜV Rheinland、VDE、UL 和 CGC 等分别采用相同批次和规格的 3 块单晶体硅组件或者 3 块多晶体硅组件。吹砂试验方法见表 2.2，其中编号 1-1 和 2-1 分别为多晶体硅组件、单晶体硅组件砂尘试验的参考组件；编号 1-2 和 1-3 为多晶体硅吹砂试验组件，编号 2-2 和 2-3 为单晶体硅吹砂试验组件。

表 2.2　吹砂试验方法

组件类型	分　类	组件编号	试验内容	备　注
多晶体硅组件	参考件	1-1	2.2.2 节中试验步骤（2），（6）	
	吹砂件 1	1-2	2.2.2 节中试验步骤（2）～（7）	
	吹砂件 2	1-3		
单晶体硅组件	参考件	2-1	2.2.2 节中试验步骤（2）～（7）	
	吹砂件 1	2-2		
	吹砂件 2	2-3		

2.3　高风速砂尘对光伏组件性能影响的数据分析

在过去的 20 年里，因为有足够的政策支持和丰富的阳光资源，中国已经成为世界上最大的太阳能光伏市场和最大的太阳能发电市场。企业不仅重视太阳能电池效率的提高，更重视在不同气候条件下提升光伏组件的发电性能和使用寿命。此外，在沙漠地区的光伏电站装机容量占中国大型地面电站的绝大部分，提高光伏电站的耐砂尘能力尤为重要，取得吹砂能力的检测认证成为光伏电站建设方非常关注的问题。本节以单晶体硅组件为例，对单块同批次单晶体硅组件进行高风速砂尘检测。

2.3.1　外观检查

选取 3 块单晶体硅光伏组件，其中 2 块作为吹砂试验组件，1 块作为参考件。3 块组件无外观缺陷。

2.3.2　吹砂试验前最大功率检测

3 块组件分别编号为 1#、2# 和 3#，利用 AAA 级瞬态太阳光模拟器在标准条件下检测最大功率，检测结果见表 2.3。

表 2.3　3 块组件吹砂试验前最大功率检测

编　号	V_{oc}/V	V_{mp}/V	I_{sc}/A	I_{mp}/A	P_{mp}/W	FF/（%）
1#	48.346	39.569	9.794	9.322	368.871	77.91
2#	48.405	39.600	9.778	9.320	369.079	77.98
3#	48.322	39.460	9.773	9.297	366.861	77.69

2.3.3 吹砂试验前电安全性检测（绝缘、湿漏电流和接地连续性检测）

光伏组件的尺寸为 1.94 m²，绝缘检测结果应不低于 20.62 MΩ，检测结果均大于检测设备最大测量范围 9990 MΩ；湿漏电流试验的溶液温度为 22.1℃，检测溶液电导率为 2617 Ω·cm，结果不应低于 20.62 MΩ，检测结果均大于检测设备最大测量范围 9990 MΩ；接地连续性最大过电流保护等级为 20 A，采用 50 A。吹砂试验前光伏组件的电安全性检测结果见表 2.4。

表 2.4　吹砂试验前光伏组件的电安全性检测结果

编　号	绝缘检测/MΩ	湿漏电流检测/MΩ	接地连续性检测		结　果
			电压/V	电阻/Ω	
1#	>9990	>9990	0.048	0.0010	P
2#	>9990	>9990	0.025	0.0005	P
3#	>9990	>9990	0.059	0.0012	P

2.3.4 吹砂试验前 EL 检测

利用 EL 检测仪的稳压电源为光伏组件接入 9 A 的直流电，并拍摄其 EL 图像，经分析，在吹砂试验前，3 块组件均没有隐裂，如图 2.6 所示。

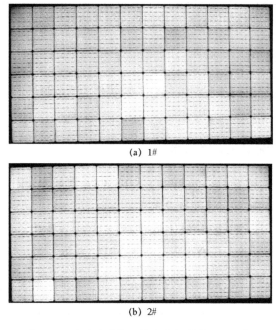

(a) 1#

(b) 2#

图 2.6　吹砂试验前 3 块光伏组件的 EL 图像

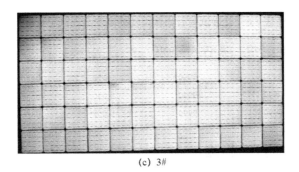

(c) 3#

图 2.6   吹砂试验前 3 块光伏组件的 EL 图像（续）

2.3.5   吹砂试验

对组件 1#和组件 2#进行高风速砂尘的吹砂试验，在吹砂过程中，腔室内温度为 50℃，风速为 18.3～20.7 m/s，砂尘浓度为 4.8～5.3 g/m^3，砂尘颗粒大小见表 2.1，光伏组件正、反面的吹砂时间各为 4 h。组件 3#作为参考件不进行吹砂试验。

吹砂结束后，对光伏组件进行外观检查，以确定砂尘是否对其造成外观缺陷。

2.3.6   吹砂试验后最大功率检测

3 块组件分别编号为 1#、2#和 3#，利用 AAA 级瞬态太阳光模拟器在标准条件下检测最大功率，检测结果见表 2.5。组件 1#的最大功率降低 2.72%。组件 2#的最大功率降低 2.55%。参考组件 3#的最大功率降低 0.10%。

表 2.5   3 块组件吹砂试验后最大功率检测

编 号	V_{oc}/V	V_{mp}/V	I_{sc}/A	I_{mp}/A	P_{mp}/W	FF/（%）
1#	48.144	39.908	9.445	8.991	358.825	78.91
2#	48.226	39.978	9.444	8.997	359.678	78.97
3#	48.296	39.429	9.777	9.305	366.493	77.62

2.3.7   吹砂试验后电安全性检测（绝缘、湿漏电流和接地连续性检测）

光伏组件的尺寸为 1.94 m^2，绝缘检测结果不能低于 20.62 MΩ，检测结果均大于检测设备最大测量范围 9990 MΩ；湿漏电流试验的溶液温度为 22.1℃，检测溶液电导率为 2617 Ω·cm，结果不应低于 20.62 MΩ，检测结果均大于检测设备最大测量范围 9990 MΩ；接地连续性最大过电流保护等级为 20 A，采用 50 A。吹砂试验后光伏组件的电安全性检测结果见表 2.6。

表 2.6 吹砂试验后光伏组件的电安全性检测结果

编 号	绝缘检测/MΩ	湿漏电流检测/MΩ	接地连续性检		结 果
			电压/V	电阻/Ω	
1#	>9990	>9990	0.058	0.0012	P
2#	>9990	>9990	0.036	0.0007	P
3#	>9990	>9990	0.052	0.0010	P

2.3.8 吹砂试验后 EL 检测

利用 EL 测试仪的稳压电源为光伏组件接入 9 A 的直流电，并拍摄其 EL 图像，经分析，在吹砂试验后，3 块组件均没有产生新的隐裂，如图 2.7 所示。

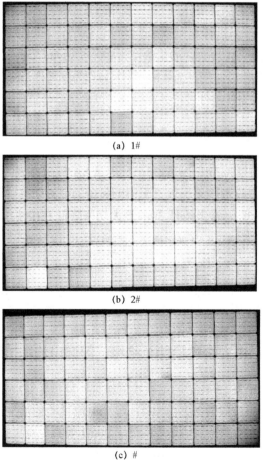

(a) 1#

(b) 2#

(c) #

图 2.7 吹砂试验后 3 块组件的 EL 图像

由以上检测结果可知，吹砂试验后，光伏组件仅短路电流和最高功率产生明显衰减，因此可推断是由于光伏组件表面的光学性能随着吹砂变差而造成的。以上被测试的光伏组件，其面积很大且已经封装完好，所以无法确定样品的光谱透射率。图 2.8 为晶体硅光伏组件前表面玻璃在吹砂试验前后的外观图。在吹砂试验中，表面 A 区域被一层玻璃和胶带遮盖，表面 B 区域未被遮挡。经过 4 h 的吹砂试验后，取出光伏组件并用清水洗净，遮挡区域 A 和未遮挡区域 B 之间有很大的差异。区域 B 的玻璃表面被砂尘刻蚀后呈乳白色，晶体硅电池片和印刷的栅线均变得有些模糊。上述试验表明，吹砂试验对组件表面的刻蚀降低了太阳光的透射，模块的电流减小了。

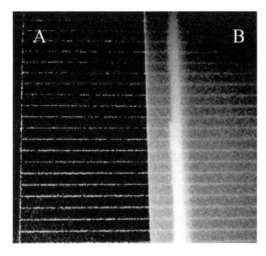

图 2.8　晶体硅光伏组件前表面玻璃在吹砂前和吹砂后的外观图

2.4　总结

本章介绍了利用高风速砂尘试验箱检测光伏组件抗砂尘能力的方法。试验结果表明，经过吹砂试验后，光伏组件的前玻璃表面明显毛化，对太阳能的捕获能力降低。吹砂试验显著减低了光伏组件的短路电流，从而降低了功率输出。试验结果同时表明，光伏组件的开路电压、填充系数和模块内部结构受影响较小，其绝缘和湿漏电电阻变小，但仍满足相关标准对其安全性的要求。

本章介绍的检测技术的最大用途是促进光伏生产企业提升光伏组件抵抗高风速砂尘的能力[26]，通过检测的光伏组件，在 8 h 吹砂后，其功率的下降比例不超过 5%。另一方面，光伏玻璃生产厂家应该持续改进工艺，提高光伏玻璃抗风沙磨损的能力。

参 考 文 献

[1] 王涛, 陈广庭, 钱正安, 杨根生, 屈建军, 李栋梁. 中国北方沙尘暴现状及对策 [J]. 中国沙漠. 2001,(04): 7~12.

[2] 王涛. 近 50 年来中国北方典型地区沙漠化的发展与逆转态势[D]. 中国首届沙产业高峰论坛暨新成果推广交流会. 2008.

[3] 郑晓静, 周又和. 风沙运动研究中的若干关键力学问题 [J]. 力学与实践. 2003, (02): 1-6+11.

[4] 李大勇. 浅析我国土地沙漠化及治理中存在的问题 [J]. 陕西广播电视大学学报. 2008, (02): 35~7.

[5] Kabeel, A.E., Abdelgaied, M., Sathyamurthy, R., 2019. A comprehensive investigation of the optimization cooling technique for improving the performance of PV module with reflectors under Egyptian conditions[J]. Sol. Energy 186, 257-263.

[6] Mazraeh, A.E., Babayan, M., Yari, M., Sefidan, A.M., Saha, S.C., 2018. Theoretical study on the performance of a solar still system integrated with PCM-PV module for sustainable water and power generation[J]. Desalination 443, 184-197.

[7] Yadav, S., Panda, S.K., Tripathy, M., 2018. Performance of building integrated photovoltaic thermal system with PV module installed at optimum tilt angle and influenced by shadow[J]. Renewable Energy 127, 11-23.

[8] Maturi, L., Belluardo, G., Moser, D., Buono, M.D., 2014. BiPV System Performance and Efficiency Drops: Overview on PV Module Temperature Conditions of Different Module Types[J]. Energy Procedia 48, 1311-1319.

[9] Krauter, S., Hanitsch, R., 1996. Actual optical and thermal performance of PV-modules[J]. Solar Energy Materials and Solar Cells 41-42, 557-574.

[10] Sukamongkol, Y., Chungpaibulpatana, S., Ongsakul, W., 2002. A simulation model for predicting the performance of a solar photovoltaic system with alternating current loads[J]. Renewable Energy 27(2), 237-258.

[11] Silvestre, S., Boronat, A., Chouder, A., 2009. Study of bypass diodes configuration on PV modules[J]. Applied Energy 86(9), 1632-1640.

[12] Paulescu, M., Badescu, V., Dughir, C., 2014. New procedure and field-tests to assess

photovoltaic module performance[J]. Energy 70, 49-57.

[13] Al-Addous, M., Dalala, Z., Alawneh, F., Class, C.B., 2019. Modeling and quantifying dust accumulation impact on PV module performance[J]. Sol. Energy 194, 86-102.

[14] Gupta, V., Sharma, M., Pachauri, R.K., Babu, K.N.D., 2019. Comprehensive review on effect of dust on solar photovoltaic system and mitigation techniques[J]. Sol. Energy 191, 596-622.

[15] Sayyah, A., Horenstein, M.N., Mazumder, M.K., Energy yield loss caused by dust deposition on photovoltaic panels[J]. Sol. Energy 107 (2014) 576-604.

[16] Conceição, R., Silva, H.G., Fialho, L. Lopes, F.M., Collares-Pereira, M., 2019. PV system design with the effect of soiling on the optimum tilt angle[J]. Renewable Energy 133, 787-796.

[17] Babatunde, A.A., Abbasoglu, S., Senol, M., 2018. Analysis of the impact of dust, tilt angle and orientation on performance of PV Plants[J]. Renewable and Sustainable Energy Reviews 90, 1017-1026.

[18] Abdeen, E., Orabi, M., Hasaneen, El-Sayed, 2017. Optimum tilt angle for photovoltaic system in desert environment[J]. Sol. Energy 155, 267-280.

[19] Hottel, H.C., Woertz, B.B., 1942. Performance of flat plate solar heat collectors[J]. Transactions of the American Society of Mechanical Engineers 64, 91–104.

[20] Salari, A., Hakkaki-Fard, A., 2019. A numerical study of dust deposition effects on photovoltaic modules and photovoltaic-thermal systems[J]. Renewable Energy 135, 437-449.

[21] Lu, H., Lu, L., Wang, Y., 2016. Numerical investigation of dust pollution on a solar photovoltaic (PV) system mounted on an isolated building[J]. Applied Energy 180, 27-36.

[22] Abderrezek, M., Fathi, M., 2017. Experimental study of the dust effect on photovoltaic panels' energy yield[J]. Sol. Energy 142, 308–320.

[23] Gholami, A., Saboonchi, A., Alemrajabi, A.A., 2017. Experimental study of factors affecting dust accumulation and their effects on the transmission coefficient of glass for solar applications[J]. Renew. Energy 112, 466–473.

[24] Lorenzo, E., Moretón, R., Luque, I., 2014. Dust effects on PV array performance: in-field observations with non-uniform patterns[J]. Prog. Photovoltaics Res. Appl. 22 (6), 666–670.

[25] Qasem, H., Betts, T.R., Müllejans, H., AlBusairi, H., Gottschalg, R., 2014. Dust-induced shading on photovoltaic modules[J]. Prog. Photovoltaics Res. Appl. 22, 218–226.

[26] Chengying Shi, Bin Yua, Dingpu Liua, Yapan Wu, Peize Li, Guangyuan Chen, Guanghong Wang, Effect of high-velocity sand and dust on the performance of crystalline silicon photovoltaic modules[J]. Sol. Energy 206 (2020) 390–395.

第 3 章 光伏组件不均匀雪载检测技术

3.1 光伏组件不均匀雪载试验

虽然雪花很轻，单个重量只有 0.2～0.5 g，但是积沙成塔，它的杀伤力不可忽视。雪的密度约为 250 kg/m³，也就是说，在 1 m² 的面积上，积雪厚度若达到 100 mm，则总重为 25 kg。因降雪导致的大规模积雪不仅对交通、建筑、电力等基础设施造成大量损伤性的危害，作为中高纬度地区的主要灾害之一，每年的雪灾都会对人民群众的生命财产安全造成严重的威胁。据大渝网新闻中心报道，2018 年 1 月 11 日的大雪造成重庆 505 个基站停电；湖北日报 2019 年 1 月 1 日报道，大雪造成湖北省通信基站停电 1277 站次。运营商对抗击雪灾保通信有着强烈的需求。在建筑行业，建筑物所能承受的积雪载荷有着严格的设计和建造标准，以避免因积雪导致建筑物坍塌而对人民群众的生命及财产安全造成损失。

由中国光伏行业协会的信息公布可知，2019 年，我国光伏新增装机量为 3.01×10^7 kW，累计装机量达 2.043×10^8 kW，累计投入上万亿人民币。而我国大型光伏电站主要集中在河北、山西、内蒙古、江苏、安徽、山东、河南、陕西、甘肃、青海、宁夏、新疆、西藏这些地区，在这些省，冬天下雪相对频繁，光伏组件具备抵抗雪灾的能力是非常有必要的。积雪部分融化则会覆盖光伏组件下部，造成热斑效应，堆积严重则会导致光伏组件破裂和支架倒塌，如图 3.1 所示。

堆积严重的积雪会造成光伏组件损坏，影响光伏组件的安全和发电能力，严重的甚至会造成荷载能力不足的光伏电站坍塌，酿成巨大的财产损失。为避免此类损失，光伏组件需要满足一定的抵抗积雪的能力，在研发制造过程中有效验证和提高光伏组件抵抗积雪的能力成为行业制造商非常迫切的需求。IEC 62938

Edition 1.0 2020-05: Photovoltaic(PV)modules-non-uniform snow load testing（IEC 62938 光伏组件不均匀雪载检测）经过不断完善和广泛征求意见，目前已经正式发布，这必将为业界提供统一和科学的检测方法，满足检测光伏组件在应对积雪情况下的抗压性能（包括机械性能与电学性能）的需求。

图 3.1　积雪对太阳能光伏组件造成损坏

IEC62938 标准提供了检测有边框光伏组件不均匀积雪载荷（下文简称雪载）完整、有效的试验方法，根据一组同型号光伏组件的抗压性能检测结果，确定该型号光伏组件抵抗积雪的能力。本章以 IEC62938 标准为依据，利用实验室研发的试验设备，完成序列检测。本章从标准解读、试验方法、设备介绍和数据分析等方面进行详细介绍，研究内容及成果希望能为业界提供有益参考。

3.2　不均匀雪载试验方法

IEC 62938 标准给出了光伏组件不均匀雪载试验流程，如图 3.2 所示。在试验中，至少需要 7 块同型号的光伏组件。在所选取的 7 块试验样品中，光伏组件 1（简称 PV1）作为控制光伏组件，不进行流程中的环境或不均匀载荷试验，仅与其余试验样品同步进行外观检查、功率稳定性预处理和最大功率检测，用来作为其余试验样品在进行环境和不均匀载荷等试验后 $I\text{-}V$ 性能检测的参考件。5 块光伏组件（简称 PV2、PV3、PV4、PV5 和 PV6）被用作不均匀雪载试验的检测样品，此部分组件不进行 $I\text{-}V$ 性能检测，经外观检查后，进行环境及不均匀载荷试验，得出每一块光伏组件在应对不均匀载荷时能够承载的极限压强值，即确定 PV2～PV6 光伏组件破裂、破损或者损坏临界点前一个周期所承受的极限压强值，依次得到至少 5 个有效的光伏组件极限压强值，经统计计算，确定一个不均匀载荷压强值，用于对第 7 块光伏组件（简称 PV7）进行试验。PV7 作为试验样品,其检测内容涵盖全部试验内容,在初始、环境试验后和载荷试验后这 3 个阶段均需进行多项光伏组件的性能检测,PV7 的性能检测结果将作为该型号光伏组件不均匀雪载承压能力的判定依据。

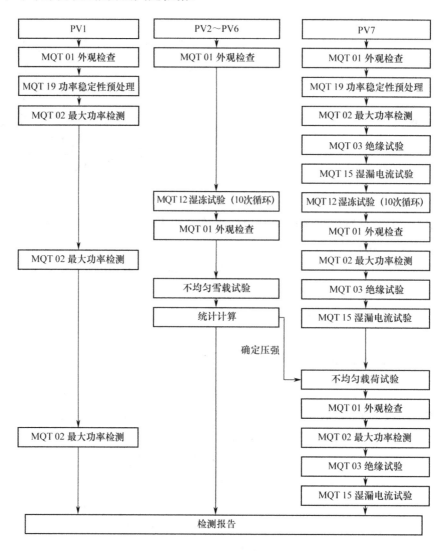

图 3.2 IEC 62938 标准的光伏组件不均匀雪载试验流程

3.2.1 试验流程

不均匀雪载试验的流程大致可分为不均匀雪载试验前的性能检测、环境和不均匀载荷极限压强检测、不均匀雪载试验后的性能检测 3 个阶段，接下来对这 3 个阶段进行详细介绍。

1. 不均匀雪载试验前的性能检测

该阶段检测的主要目的是确保参与试验的同型号光伏组件性能完好且一致，即在开始环境试验及不均匀雪载试验前，对检测的 7 块光伏组件的初始性能进行确认，需要进行最大功率检测的 PV1 和 PV7 按照 IEC 61215-2 MQT 19 标准进行功率稳定性预处理，以避免在后续试验中由于功率不稳定而影响试验结果判定。不均匀雪载前性能检测的主要内容如下。

（1）对 7 块光伏组件进行 MQT 01 外观检查，确保光伏组件无任何外观缺陷，光伏组件完好无损。

（2）对 PV1、PV7 进行 MQT 19 功率稳定性预处理，确保光伏组件在进行环境试验和雪载试验前电学性能达到稳定。同时测得两者的最大功率，保留数据。

（3）对 PV7 分别进行 MQT 03 绝缘试验和 MQT 15 湿漏电流试验。

（4）PV1 和 PV7 在以上试验中需达到 IEC 61215-2 标准对光伏组件安全性能的要求。

2. 环境和不均匀载荷极限压强检测

不均匀雪载试验主要分为环境试验和载荷试验。光伏组件在被大雪覆盖时，一般伴随着低温等严寒环境，因此在设计光伏组件不均匀雪载检测方法时，增加了 10 次循环的湿冻试验（HF10），故 PV2～PV7 在进行载荷试验前需进行 MQT12 湿冻试验（10 次循环），该试验旨在模拟冰雪环境以验证光伏组件可能在此环境下发生的性能变化。在环境试验后，对 PV2～PV6 进行载荷试验以得出每块光伏组件的载荷压强极限值，用于为不均匀雪载试验后的性能检测提供计算数据。

环境和不均匀载荷极限压强检测的主要内容如下。

（1）对 PV2～PV7 进行 MQT12 湿冻试验（10 次循环）。

（2）在环境试验结束后对 PV 7 分别进行 MQT 01 外观检查、MQT 02 最大功率检测、MQT 03 绝缘试验和 MQT 15 湿漏电流试验，这些试验和检测旨在确定光伏组件经 MQT12 湿冻试验（10 次循环）后的性能。其中 PV1 需同步进行 MQT 02 最大功率检测。

（3）依据光伏组件尺寸规格计算光伏组件在进行雪载试验时的压强数值，对

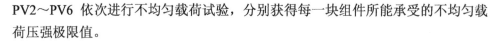

PV2～PV6 依次进行不均匀载荷试验，分别获得每一块组件所能承受的不均匀载荷压强极限值。

3. 不均匀雪载试验后的性能检测

该阶段仅需对 PV1 与 PV7 进行试验，主要依据以上试验所得的不均匀载荷压强极限值进行统计分布计算，得到 PV7 的不均匀压强值，进而进行不均匀载荷试验，最后对 PV7 进行安全性能和 STC 下的功率检测，并给出该类型光伏组件不均匀雪载试验的结果。不均匀雪载试验后的性能检测主要包括以下内容。

（1）将 PV2～PV6 的 5 个载荷压强极限值运用学生 t 分布（Student's t-distribution）的计算方法，求得 5%分位数压强值，并除以 1.5 的安全系数，依据计算出的载荷值在 PV7 上进行不均匀载荷试验，历时至少 24 h。

（2）PV7 在载荷试验后，还要进行 IEC 61215-2 规定的 MQT 01 外观检查、MQT 02 最大功率检测、MQT 03 绝缘试验和 MQT 15 湿漏电流试验，其中 PV1 需同步进行 MQT 02 最大功率检测。

（3）如果最大功率损失大于 5.0%，或者光伏组件在绝缘试验或湿漏电流试验中检测失败，需要在另一块光伏组件上重复以上试验，且该光伏组件也经过了湿冻试验和功率稳定性预处理。然而，在步骤（1）中计算确定载荷值时必须应用更高的安全系数，安全系数应按 0.25 的值递增，直到通过为止。

以上 3 个阶段即不均匀雪载试验的主要试验流程，最终将依据 PV7 的最大功率损失是否大于 5%判定试验结果。在整个雪载试验流程中，所涉及的外观检查、绝缘试验和功率稳定性预处理等多项试验均为光伏组件检测中常见的试验项目，本章不再赘述，接下来将详细介绍不均匀雪载试验中的载荷试验这一单项试验。

3.2.2 不均匀雪载的压强分布和计算方法

在光伏组件倾斜安装的情况下，积雪在光伏组件表面的分布呈现自上而下逐渐增厚的趋势，在模拟积雪进行的雪载试验中，光伏组件表面载荷压强由下边缘向上逐渐减小，因此称为不均匀雪载试验。本节对不均匀雪载的压强分布和计算方法进行介绍。

1. 相关参数

计算雪载压强将涉及以下参数。

（1）雪载特征值（水平）（Characteristic snow load），S_k(kN/m²)。

S_k 作为后续压强计算的源值，其定义为水平状态下光伏组件所承受的积雪压强值，本试验中取 2.4 kPa 为初始值，由光伏组件设计的静载压力值乘以安全系数得到，即 1.6 kPa 乘以 1.5。

（2）积雪分布系数（Snow load shape coefficient），μ_i。

μ_i 来源于《建筑载荷规范》中屋顶的积雪分布系数，其定义为屋面水平投影面积上的雪载与基本雪压的比值，可认为在假设积雪可以不受阻碍地滑落的情况下，将水平状态下的雪载压强转换为斜面雪载压强的换算系数。对于单斜屋顶或光伏组件，在没有阻止积雪滑落的前提下，根据标准 EN 1991-1-3，可以使用表 3.1 中的积雪分布系数进行计算，光伏组件的常规安装角度为 37°，根据表 3.1 计算可得，在本章试验中，μ_i 取值为 0.61。

表 3.1　不同屋顶倾斜角对应的积雪分布系数

屋顶倾斜角	$0° \leqslant \alpha \leqslant 30°$	$30° < \alpha < 60°$	$\alpha \geqslant 60°$
μ_i	0.8	$0.8 \times (60-\alpha)/30$	0.0

（3）雪载特征值（倾斜）（Characteristic value of snow load），S_A(kN/m²)。

S_A 被定义为在水平状态下的雪载特征值与积雪分布系数的乘积，其意义为光伏组件在倾斜安装情况下所承受的雪载，由式

$$S_A = S_k \times \mu_i$$

计算可得，S_A 的初始值约为 1.47 kPa。

（4）雪比重（Specific snow weight），γ (kN/m³)。

$$\gamma = 3 \text{ kN/m}^3$$

（5）垂悬雪载值（线性）（Snow load of the overhang），S_E(kN/m)。

在屋顶积雪的情况下，线性载荷 S_E 是除了屋顶上的均匀载荷之外，垂直施加在屋檐上的载荷。类比光伏组件，光伏组件的下边缘类似屋顶的屋檐，同样存在着垂直于此边缘的线性载荷，由式

$$S_E = S_A^2 / \gamma$$

计算可得，S_E 的初始值约为 0.72 kN／m。

2. 压强分布及计算

IEC62938 标准中模拟积雪情况在倾斜光伏组件表面上设置了雪载压强分布，如图 3.3 所示。该标准将光伏组件沿长边框进行了细分，上端 1/3 的区域不施加载荷，下端 2/3 的区域细分为 5 个部分，由下向上分为 ABCDE 5 个部分，

如图 3.4 所示。各区域压强逐渐增大，分别在 S_A 的基础载荷上叠加不同系数的线性载荷（S_E），具体分布趋势如图 3.3 和图 3.4 所示。

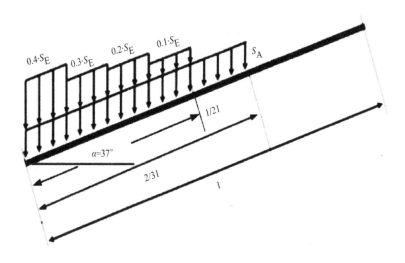

图 3.3　倾斜光伏组件表面上的雪载压强分布

此处采用常规光伏组件，长和宽的尺寸为 2 m×1 m，光伏组件下边框宽 L_b＝1 m，施压载荷的压块长 L_a＝0.25 m。计算各区域载荷压强初始值的具体步骤如下。

E 区仅分布基础载荷 S_A，由前文可得，$S_A = S_k \times \mu_i$，故初始值为 1470 Pa。除 E 区外，ABCD 4 个部分除基础载荷 S_A 外，还承受不同系数的附加线性载荷（S_E），如图 3.4 所示。值得注意的是，S_E 为垂悬雪载值，并不能简单将 S_E 与 S_A 进行叠加，需通过计算区域所承受的积雪压力除以面积的方式将 S_A 转化为 S_E，计算公式为

$$F = S_A{}^2 / \gamma \times L_b$$
$$S_E = F / (L_a \times L_b)$$

计算可得，$S_E \approx 2881$ Pa。

在 S_k 取值为 2400 Pa 的条件下，各区域的初始压强值分别为

- A 区压强：1470 Pa+0.4×2881.2 Pa≈2622 Pa；
- B 区压强：1470 Pa+0.3×2881.2 Pa≈2334 Pa；
- C 区压强：1470 Pa+0.2×2881.2 Pa≈2046 Pa；
- D 区压强：1470 Pa+0.1×2881.2 Pa≈1758 Pa；
- E 区压强：1470 Pa。

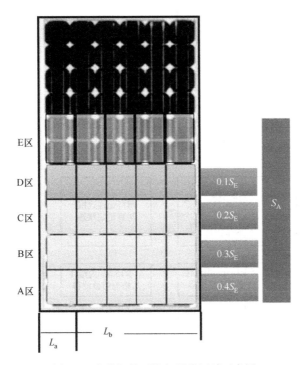

图 3.4　光伏组件不均匀雪载区域示意图

3. 光伏组件的载荷施加流程

在试验中，PV2～PV6 与 PV7 有不同的载荷施加流程，其中 PV2～PV6 需随时间逐步增大载荷值，直至光伏组件失效，以获得 PV2～PV6 的最大极限载荷值，并根据 PV2～PV6 的最大极限载荷值计算出 PV7 的载荷值，而 PV7 仅需在初始压强值下进行 24 h 的恒定压强试验。

PV2～PV6 的载荷施加流程主要可分为以下两个阶段。

（1）第一阶段施加上文计算所得的初始压强值并维持 24 h，压强不变，依据光伏组件试验样品在此承压阶段下的位移情况，将其区分为下列 3 种路径，光伏组件的载荷施加流程如图 3.5 所示。

路径 1：在承压 24 h 内，光伏组件无明显位移，保持稳定状态；

路径 2：在承压 24 h 内，光伏组件存在明显位移现象，且在施压的最后 15 min，光伏组件保持在稳定状态；

路径 3：在承压 24 h 内，光伏组件存在明显位移现象，且在施压的最后 15 min，光伏组件仍未达到稳定状态。

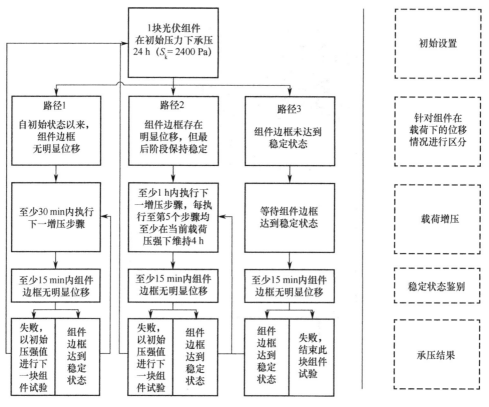

图 3.5　光伏组件的载荷施加流程

判定光伏组件是否发生了位移的标准有明确的定义。光伏组件在载荷试验过程中，任选光伏组件底部边框的中间点或左右两端，在一个计时周期内，若光伏组件发生超过 1 mm 的位移，则判定该压强下的光伏组件尚未稳定；若光伏组件位移量小于 1 mm，则判定光伏组件达到稳定状态。

（2）第二阶段载荷以 $S_k = 200$ Pa 的幅度逐步增大，各区域压强的计算方法与上文一致。类似地，第一阶段中区分的 3 种不同情况，对应了不同的载荷增压过程。

当光伏组件按照路径 1 增压时，载荷增压至下一步骤，且最短维持 30 min，至少在 15 min 内光伏组件无明显位移后增加至下一压强值，重复此过程直至光伏组件失效。

当光伏组件按照路径 2 增压时，最短在 1 h 内需增压至下一步骤，且最短维持 1 h，至少在 15 min 内光伏组件无明显位移后增加至下一压强值，每执行至第 5 个步骤均至少在当前载荷压强下维持 4 h，重复此过程直至光伏组件失效。

当光伏组件按照路径 3 增压时，先等待光伏组件稳定至无明显位移，若一直未达到稳定状态，直至光伏组件失效。若光伏组件可达到稳定状态，则以与路径 2 下相同的载荷增压方式进行试验。

PV2～PV7 载荷试验的环境温度满足 25℃±5℃，以光伏组件失效前一阶段的压强值作为被检光伏组件的载荷压强极限值。对于光伏组件失效的判定，IEC62938 标准内也有明确的说明，若出现以下类型的光伏组件损坏方式则可认为试样承压失败，即光伏组件失效：光伏组件外表面破损、开裂或撕裂，包括前封装玻璃、背板、边框、轨道和接线盒外表面弯曲或错位（永久性变形），如图 3.6 所示。上述损坏将影响光伏组件的安装和正常工作。

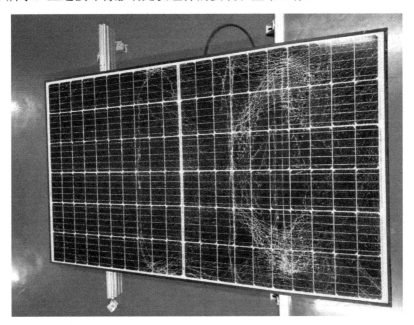

图 3.6　不均匀载荷试验造成外表面破损和永久性变形的光伏组件

4. PV7 光伏组件的载荷计算和施压方法

PV7 光伏组件的载荷施压方法与 PV2～PV6 不同，它仅需要在特定的载荷值下承压 24 h 即可完成承压过程，此特定的载荷值是由 PV2～PV6 等 5 块光伏组件载荷压强极限值经学生 t 分布（Student′s t-distribution）计算所得的 5%分位数压强值。学生 t 分布又称学生分布或 t 分布，在概率论及统计学中用于根据小样本来估计呈正态分布且方差未知的总体样本的均值，其使用场景大多为样本数量较少的情况，而本试验中所得的光伏组件载荷压强极限值最少仅为 5 个样本，

故学生 t 分布的计算方法十分适用于本章试验。此处引入这一统计学理论，旨在通过该方法计算得到在 5 个数据样本下光伏组件承压的 5%分位数压强值，计算方法如下：

$$X_{5\%} = \bar{x} - t_{n-1,\alpha} \times \frac{s}{\sqrt{n}} \tag{3.1}$$

式中，n 为样本数量，即试验中 PV2～PV6 的光伏组件数量，S 为 PV2～PV6 的载荷压强极限值的标准差。$t_{n-1,\alpha}$ 的值可查阅表 3.2 得出，当 n=5、$\alpha = 0.95$ 时，$t_{n-1,\alpha}$ 取 2.132。在这些值均已知的情况下，即可通过式（3.1）确定光伏组件承压的 5%分位数压强值。假设 PV2～PV6 在试验后所得的载荷压强极限值 S_A 分别为 2940 Pa、3063 Pa、3185 Pa、3063 Pa 和 2940 Pa，计算可得它们的平均值 $\bar{x}$ = 3038 Pa，标准偏差 S = 91.67，代入式（3.1）可得，$X_{5\%}$ = 2951 Pa。

表 3.2 学生 t 分布的分位数

自 由 度	$t_{n-1,\alpha}(\alpha=0.95)$	自 由 度	$t_{n-1,\alpha}(\alpha=0.95)$
1 (有 2 样品)	6.314	11 (有 12 样品)	1.796
2 (有 3 样品)	2.920	12 (有 13 样品)	1.782
3 (有 4 样品)	2.353	13 (有 14 样品)	1.771
4 (有 5 样品)	2.132	14 (有 15 样品)	1.761
5 (有 6 样品)	2.015	15 (有 16 样品)	1.753
6 (有 7 样品)	1.943	16 (有 17 样品)	1.746
7 (有 8 样品)	1.895	17 (有 18 样品)	1.740
8 (有 9 样品)	1.860	18 (有 19 样品)	1.734
9 (有 10 样品)	1.833	19 (有 20 样品)	1.729
10 (有 11 样品)	1.812	20 (有 21 样品)	1.725

光伏组件载荷压强在计算 S_k 时的取值为 2400 Pa，该数值由光伏组件设计的静载压力值 1600 Pa 乘以 1.5 的安全系数获得，本章为了测量同类型光伏组件承载积雪的能力，需将 PV2～PV6 计算得到的 5%分位数压强值再次除以 1.5 的安全系数，故当 $X_{5\%}$ 取值为 2951 Pa 时，PV7 的雪载特征值（倾斜）S_A = 1967 Pa。

尽管 PV7 的承载过程与 PV2～PV6 有所差别，但载荷在光伏组件表面不同区域的压强分布情况是一致的。因此，在得出 PV7 的 S_A 值后，仍需重复上述计算方法以得到 ABCDE 5 个区域的压强值。经过计算可得，A 区压强为 4031 Pa，B 区压强为 3515 Pa，C 区压强为 2999 Pa，D 区压强为 2483 Pa，E 区压强为 1967 Pa。

光伏组件 PV7 在此压强下承压 24 h，承压完成后进行各项电学性能检测，其最大点功率不得衰减超过 5%。若 PV7 承压后最大功率衰减超过 5%，或绝缘试验、湿漏电流试验未满足 IEC61215 标准的要求，需另取一块同类型且经过功率稳定性预处理和湿冻试验（HF10）预处理的光伏组件再次进行载荷试验，但必须应用更高的安全系数，安全系数以 0.25 的数值逐步增加，直至 PV7 在承压 24 h 后最大功率衰减不大于 5%。

3.2.3 雪载设备

1. 设备要求

鉴于不均匀雪载特殊的载荷压强分布方式，对于施加载荷的设备也有下列特定的要求：

（1）可将光伏组件以 37°±1° 的角度进行安装的安装支架。

（2）光伏组件下边框长 L_b，施压载荷的压块长 L_a，$\dfrac{\sum L_b}{L_a} \geqslant 90\%$。

（3）同一排施压载荷的压块数量需大于 5 个，$\dfrac{L_b}{L_a} \geqslant 5$。

（4）在施压过程中，施压部件需以平面的形式的向下施加压力，均匀且无扭矩作用于光伏组件表面。

（5）相邻的施压部件之间需要有一定的空间间隙，以避免光伏组件产生形变后施压部件之间产生相互接触并挤压的现象。

（6）施压部件与光伏组件的接触面需尽量光滑无摩擦，可采用例如聚四氟乙烯等材质。

2. 雪载试验平台技术要求

依据标准要求，不均匀雪载试验台下部为支撑及安装结构。在进行试验前，将光伏组件以 37° 的标准安装角度安装于试验台上，同时依据厂家提供的装配图纸进行安装。

试验台施压结构为 25 个施压气囊，以 5×5 的形式排列，分别对应光伏组件载荷试验的 25 个区域，每个施压气囊下表面与光伏组件平行接触，载荷以平面形式垂直向下施压于光伏组件。每一个施压气囊由一个独立的驱动装置根据电脑的程序控制施压值，并利用压力传感器实时反馈，可准确地将设定的压强传递至光伏组件表面。

试验台前端配置有线性位移传感器，用于测量光伏组件下边框在承压过程中的位移量，位移传感器精度优于 0.1 mm。

在载荷试验过程中，试验台可根据设置压强和光伏组件承压情况进行路径、施压数值设置和施压时间自动判定，依据光伏组件的位移量自动判定光伏组件的承压情况及第二阶段的施压试验流程。实验过程中的压强、位移量等数据均可全程记录。

3.3 数据分析

雪载载荷试验的判定标准为光伏组件 PV7 在承载后最终的电学性能衰减比例，但光伏组件在承压情况下所能承载的不均匀压强及位移量等数据也值得仔细分析，这对于提升光伏组件抵御雪灾等情况下不均匀载荷的能力至关重要。本节选取一组尺寸为 1 m×2 m 的常规单玻晶体硅光伏组件为例，针对此类型光伏组件在不均匀雪载试验过程中的数据进行详细分析。

3.3.1 PV2～PV6 压强变化规律

不均匀雪载试验台有 25 个施压配件，以 5×5 的形式分布，分别针对光伏组件 ABCDE 的 5 个区域的 25 个独立位置，施压特定的载荷，其中每个区域的 5 个位置施加的压强在同一时间是相同的。25 个独立位置的压强是同步采集和自动反馈的，为简化分析内容，仅选取具有代表性的 9 个位置的数据，对压力传感器所收集的压强数据进行分析。根据光伏组件安装示意图，通过安装孔和压块将光伏组件安装到试验台上。

在初始施压的 24 h 内，各位置处的光伏组件承压保持稳定；在施压第二阶段，压强开始逐步增加，每个施压配件的压强变化规律均与标准保持一致。

值得注意的是，当最后时刻光伏组件面板玻璃破碎后，不同施压配件的压力传感器所收集到的压强出现了不同的变化规律。由图 3.6 中的压强变化曲线可发现，在光伏组件破碎后，A 区压强减小的幅度最大，从 8000 Pa 左右迅速降至 4000 Pa 以下，产生此现象的主要原因是由于光伏组件在 A 区承受着最大的载荷压强，光伏组件在此区域的形变量最大，同时由于采用压块固定的安装方式，两侧边框和横向支架对 A 区的支撑效果最小，光伏组件在压块位置处发生断裂性变形和破裂，因此光伏组件 A 区的形变量也最大，破碎后压强突降。而 C 区和

E 区靠近边框的两侧位置，在破碎时压强没有明显的大幅下降，其原因一方面是由于光伏组件后侧区域载荷压强较小，另一方面是由于安装架的支撑作用，使这些区域在承压过程中形变量较小，边框及安装架的支撑作用明显，因此在破碎时压强变化不大。而对于光伏组件中心施压区域，如 A3、C3 和 E3，由于边框断裂和前钢化玻璃碎裂，边框的支撑作用微弱，形变量较大，因此在光伏组件破碎时也存在压强突降的现象。

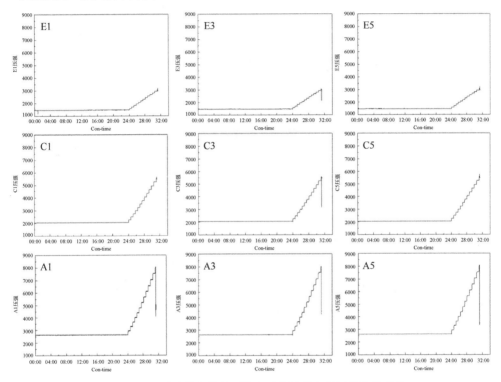

图 3.6　各区域光伏组件在不均匀雪载过程中的压强变化曲线

光伏组件在承受雪载时，可起到支撑作用的部件有面板玻璃、金属边框和安装支架这 3 个部分，其中金属边框和安装支架的支撑能力较强，而面板玻璃虽然也具备一定的承压能力，但由于钢化玻璃的特性，在载荷压强到达极限时会突然破碎从而导致位移加大。根据上文所述不同光伏组件在不同区域应对不均匀雪载的压强变化规律，可以得到如下结论：光伏组件在承受雪载时，其下边缘区域承载的压强最大，产生的形变量最大，尤其是下边压块的位置，是最早产生不可逆形变和碎裂的位置。在产生碎裂的瞬间，前表面钢化玻璃同时碎裂，A 区和光伏组件中间区域形变量突然增加，这些区域的压强也瞬间降低，光伏组件不均匀雪载试验因达到极限压强而失败。不同规格类型的光伏组件在不同的安装方式下会有不同的最大极限压强值，通过这一组检测方法，可对光伏组件承受不均匀雪载的变化规律进行判断，并得到最佳的光伏组件结构和安装方式，以提升光伏组件抵御不均匀雪载的能力。

3.3.2　PV2～PV6位移量变化规律

图 3.7 为同一块光伏组件在承压过程及承压结束后 15 h 的下边框位移量变化曲线。光伏组件正常安装完毕未施加载荷时，位移量为 0。需要注意的是，试验台的线性位移传感器测定的是光伏组件下边框中间位置，所测得的位移量均为边框中间位置的位移量。

由图 3.7 可知，在压力施加初期，光伏组件下边框就已产生了 30 mm 左右的位移量，在随后的 24 h 内，位移量逐渐增大，增加速度先快后慢逐渐减缓，至 24 h 结束共增加位移 0.65 mm。值得注意的是，标准中对位移量大小的判定不考虑初始位移量，以 24 h 内增加的位移量为准，故此处位移量为 0.65 mm，小于标准设定的 1 mm，可认为光伏组件在 24 h 内无明显位移，保持稳定状态，可判定为选择路径 1 进行后续增压步骤。

在第二阶段的增压步骤中，伴随着压强的增大，光伏组件的位移量几乎同步增大，保持阶梯状上升。当光伏组件达到承载极限破碎时，下边框位移量迅速增大，存在突增现象。由于在光伏组件发生损坏时，前面板的钢化玻璃发生网格状碎裂，整个面板的中部区域凹陷，不再具有承压支撑能力，导致光伏组件形变量突增和承压压强锐减。由此现象可以认为，虽然面板玻璃易碎，但其在破碎前对雪载依旧发挥了较大的承载作用，在应对雪载时，玻璃是重要的支撑部件。

在光伏组件破碎后，将施压配件升起，继续测量光伏组件的位移量。由图 3.7 可以看出，伴随施压配件的升起，位移量迅速减小，光伏组件形变迅速恢复，此部分形变量为弹性形变，当外力撤销时，可迅速恢复。由图 3.7 可见，直到全部施压配件离开光伏组件，使得表面压力全部为 0 后，光伏组件位移量依旧在缓慢减小，光伏组件形变依旧缓慢恢复，但形变恢复速度逐渐减慢，呈先快后慢趋势，最终位移量稳定在 30.8 mm。在施压配件离开光伏组件表面后 15 h 内，光伏组件位移量恢复了 1.8 mm，此部分形变可认为是可恢复形变。而最终光伏组件位移量稳定在 30.8 mm，即相比光伏组件安装在试验台上的初始状态，雪载对其造成了 30.8 mm 的不可恢复形变。

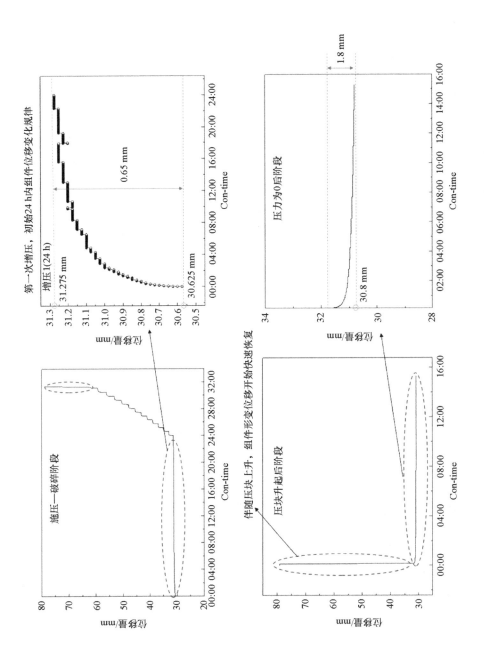

图 3.7　同一块光伏组件在承压过程及承压结束后 15 h 的下边框位移量变化曲线

此数据可明显地判定出光伏组件在应对雪载时，光伏组件框架的抗压能力，其形变量越小，抵御雪载的能力越强。而不可恢复形变量越小，在积雪去除后光伏组件的恢复能力就越强。

3.3.3 PV7 数据分析

与光伏组件 PV2～PV6 的施压过程不同，光伏组件 PV7 的检测内容是在特定压力下承压 24 h，故承压过程比较简单，各个区域压强保持恒定。此处仅需针对 PV7 的位移量进行讨论，由图 3.8 可知，在施压 24 h 内，光伏组件 PV7 位移量的变化规律与 PV2～PV6 一致，在特定压强施压初期，就已产生了 28 mm 左右的位移量，并在 24 h 内以先快后慢的趋势逐步增大。施压结束后，伴随施压配件升起，光伏组件位移量迅速恢复至 0，可见此载荷试验对光伏组件 PV7 未造成可测量的不可恢复形变，没有对光伏组件 PV7 在机械性能上造成任何损坏。

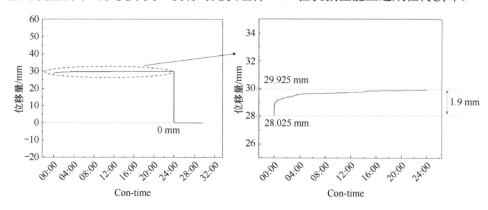

图 3.8　光伏组件 PV7 位移量的变化曲线

光伏组件 PV7 的最大功率在完成功率稳定性预处理、湿冻试验（HF10）预处理和载荷试验后分别为 319.481 W、318.482 W 和 314.996 W，PV7 在载荷试验后，相比初始功率衰减了 1.4%，相比湿冻试验预处理后衰减了 1.1%，完全满足标准中要求的 5% 的最大衰减。且外观检查、绝缘试验和湿漏电流试验结果均符合要求，可认为此批光伏组件不均匀雪载试验成功。

3.4　总结

随着世界对清洁能源的需求越来越旺盛，太阳能光伏电站的装机量也在迅猛增长，我国大型地面电站主要分布区域正好是雪灾最严重的区域，因此对光伏组件承受雪载的能力进行检测，确保光伏电站安装的光伏组件能够承受一定程度的雪载，可以保证光伏电站的长期稳定运行。本章详细介绍了 IEC62938 标准所提供的不均匀雪载试验方法，试验采用新研制的光伏组件雪载试验台，达到 IEC 62938 标准的检测要求。本章使用的不均匀雪载检测设备具备了进行不均匀雪载检测的试验能力和对试验各项数据的收集分析能力，可科学、准确、有效地支撑国内外光伏企业进行不均匀雪载试验和研究。

第4章 光伏组件热斑耐久性试验和旁路二极管功能检测技术

本章通过热斑耐久性试验（IEC 61215:2016 MQT 09），确定组件承受热斑局部加热效应的能力，例如焊料熔化或封装劣化等情况。这种缺陷可能是由有缺陷的电池片、不匹配的电池片、入射光遮挡或污染引起的。虽然热力学温度和相对功率损耗不是本次试验的决定性因素，但是为了保证设计的安全性，我们采用了最严苛的热斑条件。为避免热斑对组件造成严重影响的损害，旁路二极管需要发挥重要作用，本章系统介绍了光伏组件旁路二极管功能检测的试验方法。

4.1 热斑的形成和光伏组件级联分类

热斑效应是指当光伏组件的工作电流值超过遮挡或故障导致的光伏组件的短路电流值（I_{sc}）时，光伏组件级联电池的遮挡或故障区域就会发生热斑效应。当这种情况发生时，受影响的电池或电池组将被迫进入反向偏压，并消耗电能，从而导致该热斑区域的温度升高。如果功率损耗足够高或局部热斑区域足够大，反向偏压电池可能过热，导致焊料熔化，封装剂、前面板和/或后面板劣化，覆盖层、基材和/或覆盖层玻璃开裂（具体取决于技术）。使用旁路二极管可以防止组件热斑损伤的发生。太阳能电池的反向特性根据实际情况可以有相当大的不同，在反向特性受电压限制的情况下，电池可具有高并联电阻；在反向特性受电流限制的情况下，电池可具有低并联电阻。每种类型的电池都可能出现热斑问题，但方式不同。

（1）低并联电阻电池。

电池最坏的情况是整个电池片（或大部分）被遮挡。通常低并联电阻电池片是局部分流的，在这种情况下，热斑加热是因为大量的电流同时通过一个较小的区域。由于低电阻的电池缺陷是局部区域的，所以这种类型电池的性能差异会比较大。当电池反向偏压时，具有最小并联电阻的电池极有可能在过高的温度下工作。

由于热量聚集在电池片的局部，所以低并联电阻电池的热斑故障会很快发生。主要的技术问题是如何识别并联电阻最低的电池片，然后确定这类电池片的最坏遮挡情况。

（2）高并联电阻电池。

电池最坏的遮挡情况发生在遮挡部分入射光的情况下。此时，结击穿和高温发生得更慢，遮挡需要在组件检测区域停留一段时间，以创造最坏条件热斑的热量累积。

根据电池连接的方式可以将光伏组件分为串联型（S 型）、并串联型（PS 型）和串并联型（SP 型），其中 S 型是最常见的单晶体硅或者多晶体硅光伏组件的级联方式，而随着叠片电池的量产，SP 型组件成为高功率组件的常用类型。每个类型都需要一个特定的热斑检测过程。

S 型组件：在一个组件中串联所有的电池片，组件由 60 片串联的电池组成，一般情况下会安装有 3 个旁路二极管，如图 4.1 所示。

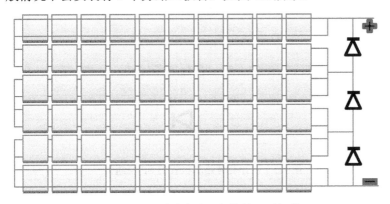

图 4.1　设计有旁路二极管的 S 型组件

PS 型组件：并串联连接，即由一定数量（P）的电池并联集成光伏组件，共有 S 组串联连接。设计有旁路二极管的 PS 型组件如图 4.2 所示。图中，10 个电池片并联为一组，4 组串联连接构成组件。

SP 型组件：串并联连接，即由一定数量（S）的电池串联，共有 P 组并联集成光伏组件。设计有旁路二极管的 SP 型组件如图 4.3 所示。图中，10 个电池片串联为一组，6 组并联连接构成组件。

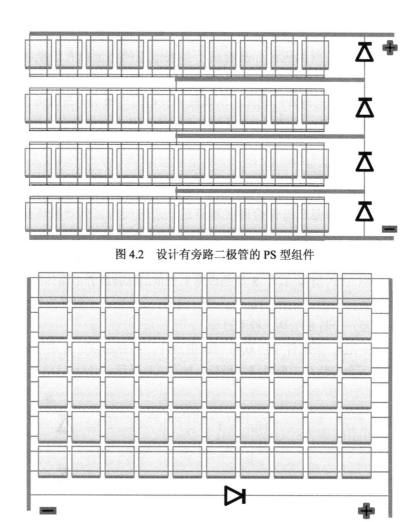

图 4.2 设计有旁路二极管的 PS 型组件

图 4.3 设计有旁路二极管的 SP 型组件

4.2 光伏组件热斑耐久性试验检测设备

光伏组件热斑需要在一定辐照度下进行检测，通过遮挡、温度检测和 I-V 性能检测来判断。本章用到的检测设备见表 4.1。检测设备检测的参数和精度如下。

（1）稳态光源：自然光，或符合 IEC 60904-9 标准的 BBB 级（或更高）稳态太阳光模拟器，其辐照度为（1 000±100）W/m^2。

（2）太阳光模拟器用于检测组件的 I-V 性能（含参考电池），本节选用符合 IEC 60904-9 标准的 AAA 级 I-V 模拟器。也可选用符合 IEC 60904-9 标准的 BBB 级脉冲模拟器，它检测 I-V 性能的辐照度为 $800 \sim 1000 \ W/m^2$。

（3）不透明挡板。根据 IEC 61215 标准的技术部分，在检测电池热斑时用于遮挡电池表面。

（4）红外成像仪用于测量光伏组件的温度。

（5）温度记录仪用于记录光伏组件的温度和分布。

（6）总辐射表用于记录累计辐照量。

（7）秒表用于记录时间。

表 4.1　组件热斑耐久性试验所用到的检测设备

设 备 名 称	型 号	编 号
太阳光模拟器	SS3BM	PAA0352
温度记录仪	MV2000	S5L602506
参考电池	CH-2000	10-0118-11
稳态光源	CTTL-PV-SLS-A	SLS-A-002
总辐射表	PMA2144/PMA2100	17715/17841
红外成像仪	Ti25/9Hz	08120839
秒表	Masonry-0.25	736400

4.3　晶体硅光伏组件热斑检测

根据太阳能电池技术和制造工艺的不同，热斑检测存在两种不同的程序。MQT 09.1 通常适用于单晶体硅和多晶体硅等基于晶圆的技术，该种类型的太阳能电池是目前的主流技术。对于市场产量逐渐萎缩的单片集成的薄膜太阳能电池，主要包括 CdTe、CIGS 和 a-Si 等，适用 MQT 09.2。

4.3.1　晶体硅光伏组件热斑检测流程

如果旁路二极管是可移除的，带有局部分流的电池片可以通过反向偏置电池串和使用红外成像仪观察来识别热斑；如果组件电路是可接入的，可以通过遮挡电池直接检测电流；如果要检测的组件没有可移除的二极管或可接入的电路，可以使用以下方法进行热斑检测。

依次遮挡每一个电池片，并检测对应的 I-V 特性曲线。图 4.5 给出了组件的 I-V 特性曲线。当对并联电阻最低的电池进行遮挡时，则在二极管打开时获得泄漏电流最高的曲线。当对并联电阻最高的电池进行遮挡时，则在二极管打开时获得泄漏电流最低的曲线。

使用以下方法识别热斑严重的电池片：

（1）将未遮挡的光伏组件暴露在 800～1000 W/m² 的辐射源下，可使用以下辐射源：

- 瞬态太阳光模拟器，光伏组件温度接近室温（25±5）℃。
- 稳态太阳光模拟器，在开始测量之前，组件温度应稳定在±5℃内。
- 太阳光，在开始测量之前，组件温度应稳定在±5℃内。

在达到热稳定后，检测组件的 I-V 特性并确定最大功率电流 I_{MP1}（初始功率为 P_{MP1}）。

（2）依次完全遮挡每个电池片，获得一组 I-V 特性曲线，如图 4.5 所示。

注：在 SP 型组件情况下，光伏组件变形的 I-V 特性曲线与正常发电的辐射源并联部分叠加，因此 I-V 特性曲线不会从 V_{oc} 开始。

（3）选择并联电阻最低的边框附近的电池，即泄漏电流最大的电池。

（4）选择两个并联电阻最低的（除了步骤（3）选中的电池片外），即泄漏电流最高的电池。

（5）选择并联电阻最高的电池。

（6）电池检测程序：对于每个选定的电池片，通过以下方法之一来确定最坏情况下的热斑遮挡条件。

① 如果电池电路是可进入的，对组件进行短路，并连接电流测量设备，使其能读取通过被测电池串的电流。将组件置于 800～1000 W/m² 的稳态辐照下。对每个被检测的电池进行遮挡，并确定需要遮挡的面积已获得遮挡电池的电流等于步骤（1）中确定的原始无遮挡电池的电流 I_{MP1} 的数值。这是对该电池进行遮挡的最坏条件。

② 如果电池电路不可进入，则取一组 I-V 特性曲线，每个被检测的电池在不同的水平上都有遮挡。确定最坏情况下的热斑遮挡条件，即通过遮挡电池的电流（旁路二极管打开的情况下）等于步骤（1）中确定的原始无遮挡电池的最大功率点电流 I_{MP1}。

③ 依次 100%遮挡每个选定的电池片，并测量电池片温度。减少 10%的遮挡面积，如果温度下降，则 100%遮挡面积就是产生最坏情况下的热斑遮挡条件。如果温度上升或保持不变，继续减少 10%的遮挡面积，直到温度下降，则上一个遮挡面积就是最坏情况下的热斑遮挡条件。

④ 对于 SP 型组件情况，如果所选的电池在被完全遮挡时旁路二极管没有打开，则最坏情况下的热斑遮挡条件是完全遮挡电池。如果旁路二极管打开，所选的电池片是完全遮挡的，使用方法②或方法③来确定最坏情况下的热斑遮挡条件。

⑤ 选择步骤（3）中选择的电池。当电池片 100%被遮挡时，使用红外成像仪确定电池片上最热的点。根据方法①～方法④所确定的最坏情况下的热斑遮挡条件对电池片进行遮挡并将组件短路。如果可能的话，确保这个最热的点在被光辐照的区域内。

（7）将每个选定的电池片按步骤（6）中确定的最坏情况下的热斑遮挡条件进行遮挡。

（8）组件短路。将组件暴露于（1000±100）W/m^2 的辐照条件下，在该检测过程中，组件温度应在（50 ± 10）℃范围内。

（9）对每个选定的电池片保持步骤（6）中确定的最坏情况下的热斑遮挡条件照射 1 h，如果遮挡电池片的温度在 1 h 结束后仍在增加，则持续总暴晒时间为 5 h。

4.3.2　晶体硅组件热斑耐久性试验结果分析

本节介绍的光伏组件热斑耐久性试验是按照 IEC61215-1-2016 标准的序列 B 来检测的。

1. 外观检查（MQT01）

组件的外观检查是为了初步排除可能对热斑试验产生不良影响的因素，要求在照度值不低于 1000lx 的环境下，对组件进行检查，并记录严重的外观缺陷，例如：

（1）损坏、破裂、撕裂的外表面；

（2）弯曲或者不平整的外表面；

（3）在组件的边框和电池电路之间有连续通路的气泡或者分层；

如果机械完整性依赖于层压或其他黏合方式，所有气泡的总面积不得超过组件总面积的 1%；

（4）封装材料、后面板、前面板、二极管或组件的元件明显熔化或烧毁；

（5）使组件的安装或者操作受到影响的机械完整性缺失；

（6）组件的电路中因损坏、破碎等原因造成电池片超过 10%面积的电路缺失；

（7）组件的有效电池片中明显的空洞或者腐蚀超过电池片面积的 10%；

（8）接线端子损坏；

（9）存在短路或者暴露的带电元器件；

（10）铭牌不清晰或者脱落。

若组件没有以上问题，则判定组件无外观缺陷。

2. 最大功率检测（MQT02）

包括初始功率的检测，判断送检组件的电学性能是否良好，各项指标是否与组件铭牌标识的相关信息相符合等。

3. 功率稳定性预处理（MQT19）

为了保证组件性能在检测序列开始前达到电学性能稳定，需要对组件进行功率稳定性预处理。被测组件连接电阻负载或者带 MPPT 功能的负载，在 800～1000 W/m^2 辐照条件下暴晒总计不少于 5 kWh/m^2。一般选择稳态光源提供稳定的辐照条件，组件温度保持在（50±10）℃范围内。暴晒之后要测量最大功率点（MQT02），至少要进行 2 个循环的暴晒。利用公式（$P_{max}-P_{min}$）/P_{ave} 计算 3 次的功率稳定性，其中 P_{max}、P_{min} 和 P_{ave} 分别为 3 次连续检测组件最大功率的最大值、最小值和平均值。本次检测的初始最大功率为306.432 W，经过第一次和第二次辐照 5 kWh/m^2 后的最大功率分别为303.263 W 和303.005 W，经计算，功率稳定性为 1.13%，未达到稳定，继续以 5 kWh/m^2 进行辐照，最大功率为303.144 W，经计算，功率稳定性为 0.09%，表明组件达到了功率稳定性的要求，见表4.2。

表 4.2　组件功率稳定性预处理

循 环 检 测	辐照度/ （W/m^2）	组件温度/℃	电 阻 负 载	循环后最大 功率/W	（$P_{max}-P_{min}$）/ P_{ave}/（%）	功率稳定性 （是/否）
初始	——	——	——	306.432	——	——
1	5	>800	40～60	是	303.263	——	——
2	5	>800	40～60	是	303.005	1.13	否
3	5	>800	40～60	是	303.144	0.09	是

4. 绝缘试验（MQT03）

绝缘试验分为耐压试验和绝缘电阻试验两部分。组件的正负极引线端子短路接到绝缘耐压检测设备的正极，组件暴露的金属部分接到检测设备的负极，如果组件无边框，或边框是不良导体，则将组件的边缘用导电箔包裹。组件的所有聚合物部分要用导电箔覆盖。如果系统电压不超过 500 V，则设定的检测电压为 500 V；若系统电压超过 500 V，则设定检测电压为 1000 V 加上 2 倍的组件系统电压。例如组件系统电压为 1500 V，那么设定的检测电压为

$$1000 \text{ V}+1500 \text{ V}\times2=4000 \text{ V}$$

耐压测试仪升压速率不超过 500 V/s，测试 1 min 正负极短路放电，若组件没有绝缘击穿同时表面无破损即视为通过。

绝缘电阻的测量，设备的升压速率同样不大于 500 V/s，设定的检测电压为 500 V 或组件最大系统电压的高值，维持此电压 2 min，测量绝缘电阻。对于面积小于 0.1 m^2 的组件，绝缘电阻不小于 400 MΩ。对于面积大于 0.1 m^2 的组件，测得的绝缘电阻乘以组件面积应不小于 40 MΩ·m^2。本次检测组件的面积为 1.67 m^2，对应的绝缘电阻下限值为 23.95 MΩ，实际检测结果大于检测设备最大检测范围 9990 MΩ，检测结果为合格。见表 4.3。

表 4.3　光伏组件绝缘试验检测结果

检测电压/V		6000/1000		—
测量值/MΩ	下限值/MΩ	介质击穿		结果
		是	否	
>9990	23.95		√	通过

5. 湿漏电流试验（MQT15）

将组件放入水槽中，使溶液浸泡接线盒（如果接线盒是无法浸泡的类型，需要喷淋其表面），水槽内水溶液电阻率不高于 3500 Ω·cm，水温控制在（22±2）℃。如果组件使用接插件连接，则接插件应用水喷淋。把被测组件的正极输出线和负极输出线短路，共同连接检测设备的正极。如果组件的输出接线盒是插件形式，需采用合适的插件接头进行短路。把负极夹在水槽的金属导电条上。以不超过 500 V/s 的速率增加检测设备所施加的电压到 500 V 或组件的最大系统电压的高值，保持该电压 2 min，测量绝缘电阻。对于面积小于 0.1 m^2 的组件，绝缘电阻不小于 400 MΩ。对于面积大于 0.1 m^2 的组件，测得的绝缘电阻乘以组件面积应不小于 40 MΩ·m^2。本次检测组件的面积为 1.67 m^2，对应的绝缘电阻下限值为 23.95 MΩ，实际测量值为 5685 MΩ，检测结果为合格，光伏组件湿漏电电阻率检测结果见表 4.4。

表 4.4　光伏组件湿漏电电阻率检测结果

检测电压/V	1000		—
溶液电阻率/（Ω·cm）	＜3500Ω·cm[(22±2)℃]	2347Ω·cm	—
溶液温度/℃	20.0		—
测量值/MΩ	下限值/MΩ		检测结果
5685	23.95		通过

6. 组件热斑检测

以 60 片（156 mm×156 mm）多晶体硅组件为例，其电池片编号如图 4.4 所示，组件正面为直视方向，组件横放，接线盒位于右边背板处。定义左上角第一块的编号为 1，从上往下依次排 2～6 行，第 2 列第一块的编号为 7，依次排到第 10 列最后一块电池片编号为 60。

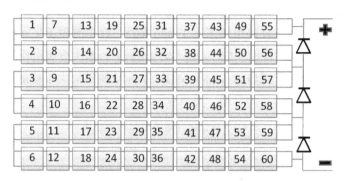

图 4.4　60 片多晶体硅组件电池片编号示意图

依次遮挡每块电池片，测得 I–V 特性曲线的拐点电流值。经检测，可以确定编号 3、4、8、38 这 4 块电池片的热斑最严重，见表 4.5。

表 4.5　依次遮挡每块电池片测得的 I–V 特性曲线拐点电流值

	1 列	2 列	3 列	4 列	5 列	6 列	7 列	8 列	9 列	10 列
1 行	0.237	0.251	0.237	0.281	0.266	0.370	0.370	0.266	0.426	0.399
2 行	0.425	0.429	0.281	0.237	0.296	0.252	0.170	0.178	0.370	0.370
3 行	0.503	0.252	0.178	0.281	0.296	0.222	0.399	0.444	0.429	0.340
4 行	0.432	0.266	0.207	0.192	0.252	0.355	0.281	0.266	0.251	0.281
5 行	0.385	0.355	0.251	0.340	0.384	0.207	0.326	0.266	0.281	0.281
6 行	0.355	0.370	0.266	0.399	0.237	0.192	0.266	0.207	0.266	0.222

对每块电池片按照 4.3.1 节中步骤（3）、（4）、（5）的选取方式选择编号 3、4、8、38 这 4 块电池片，对电池片进行不同遮挡面积情况下的 I–V 性能检测。以 3 号电池片为例，以不同比例遮挡电池片，得到组件的 I–V 特性曲线，如图 4.5 所示。

图 4.5 中从上到下依次为针对 3 号电池片不遮挡至遮挡 100%电池片面积的组件 I–V 特性曲线。图 4.6 中横线是组件的 I_{MP1}，其值为为 9.149 A，在遮挡面积为组件面积 10%和 20%的情况下，曲线拐点最接近 I_{MP1}。单独比较两条曲线的拐点，其中 10%遮挡的 I–V 特性曲线拐点为 9.54 A，20%遮挡的 I–V 特性曲线拐点为 8.58 A，所以 10%遮挡的 I–V 特性曲线拐点更接近 I_{MP1}，因此 3 号电池片的最坏遮挡条件为 10%。依此方法对编号 4、8 和 38 的电池片进行遮挡面积 I–V 特性曲线对比，确定 3 块电池片的最坏遮挡面积均为 10%。

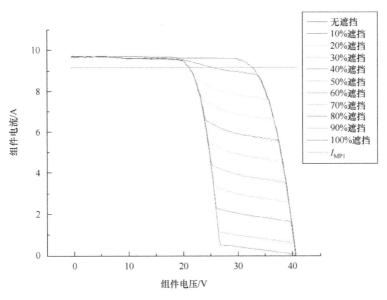

图 4.5   以不同比例遮挡 3 号电池片得到组件的 $I-V$ 特性曲线

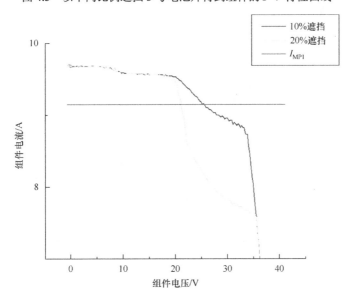

图 4.6   遮挡面积为组件面积 10%和 20%的情况下的 $I-V$ 特性曲线

按照 4.3.1 节中电池检测程序中的方法⑤确定 3 号电池片热斑区,电池片右下角区域为电池片的高温热斑区,采用图 4.7 中的两种遮挡方式的任意一种,都满足将热斑区域暴晒在辐照光下进行短路的要求。

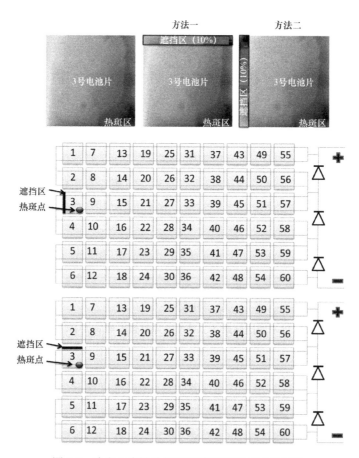

图 4.7　确定 3 电池片热斑区域及遮挡区域示意图

　　以同样的方式分别遮挡 4、8 和 38 号 3 块电池片，测温设备要尽可能检测热斑点或附近位置的温度。1 h 后组件和电池片的温度如果达到稳定，记录组件温度和热斑温度。电池片热斑耐久性试验中电池片的试验参数见表 4.6。

表 4.6　电池片热斑耐久性试验中电池片的试验参数

组件类型	☑ S	□ SP	□ PS
电池片编号	3/4/8/38		
检测电池片时的辐照度/（W/m^2）	1000/1000/1000/1000		
检测电池片时组件的稳定温度/℃	48.5/42.3/43.4/50.3		
电池片最坏条件时的测量			
电池片的最大温度值/℃	140.9/124.6/131.5/126.7		
电池片的遮挡面积/（%）	10/10/10/10		
电池片的检测时间/h	1/1/1/1		

随着电池片技术的不断突破和组件工艺的升级，新型高效组件的电池片在组件（50±10）℃温度稳定条件下的热斑检测温度一般会超过 120℃。更高的温度也对组件检测相关技术提出了更严苛的要求。

在完成热斑检测后，需要进行后续试验。

（1）外观检查（MQT01），检查组件是否有严重的外观缺陷，重点检查的是焊料的融化，封装开口、分层，烧焦斑点等。如果有严重的损伤但不属于规定的严重外观缺陷，在同一块组件上取额外的两块电池片进行重复检查，如果这两块没有问题，则此组件判定为通过。

（2）最大功率检测（MQT2），确认组件的电学性能正常。该检测不做功率损失的判定。

（3）绝缘试验，满足初始条件的相关要求。

（4）湿漏电流试验，满足初始条件的相关要求。

（5）在最坏遮挡条件下进行检测所造成的损伤都应记录在报告中。

（6）序列 B 要求在完成上述检测后进行二极管功能试验（MQT18.2）。确定组件的二极管数量及电路图。遮挡一串电池片，如果 $I-V$ 特性曲线有明显的弯曲（见图 4.8），则二极管工作正常。

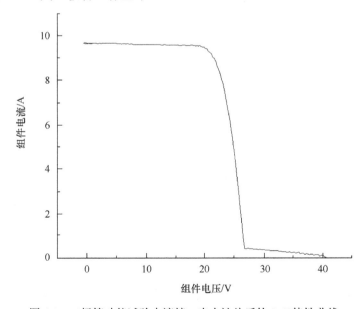

图 4.8　二极管功能试验中遮挡一串电池片后的 $I-V$ 特性曲线

4.3.3 小结

通过总结上述检测结果，容易发现，对于串联型（S 型）全片电池片组件，组件最坏条件的遮挡面积比例一般为 10%～20%。

通过控制环境温度和组件温度，组件经稳态光源照射 45min 左右，其温度和电池片的温度会趋于稳定，因此在试验中，通常情况下每块电池片的暴晒时间为 1 h。

随着电池片技术和组件工艺的不断升级，新型高效组件温度稳定在（50±10）℃左右，电池片的热斑温度一般会超过 120℃，这样高的温度也对组件检测技术提出了更高的要求。

双面组件的检测在选片和遮挡时需要将背面完全遮挡，短路暴晒在现有标准中没有提及，所以通常采用正面（1000±100）W/m² 的辐照条件。新标准增加了对双面组件的检测方法，检测使用的辐照度有两种：一种是正面和背面分别打光 1000 W/m² 和 300 W/m²；另一种背面遮挡，正面采用由上述值计算得到的等效辐照度。

$$G_E = 1000 \text{W/m}^2 + \varphi \times 300 \text{W/m}^2 \tag{4.1}$$

式中，

$$\varphi = \min\left(\varphi_{I_{sc}}, \ \varphi_{P_{max}}\right) \tag{4.2}$$

$$\varphi_{I_{sc}} = \frac{I_{sc背面}}{I_{sc正面}} \tag{4.3}$$

$$\varphi_{P_{max}} = \frac{P_{max背面}}{P_{max正面}} \tag{4.4}$$

4.4 光伏组件旁路二极管功能试验方法

在光伏组件的组成结构中，旁路二极管是不可或缺的部分，当光伏组件中某一块或几块电池片因遮挡、热斑或其他故障失效时，旁路二极管导通可以让光伏组件中的其他电池片正常工作。IEC 61215：2016 标准[1]中也单独设计了试验验证旁路二极管长期工作的可靠性，MQT18 旁路二极管功能试验是在光伏组件经过热斑耐久性试验和旁路二极管热性能试验后验证旁路二极管是否正常工作的试验，也是在光伏组件经历砂尘、盐雾、氨气等试验后判断旁路二极管是否可以正

常导通的简单有效的试验。近年来，各光伏组件生产厂家设计了各式各样的新型
光伏组件，这些新型光伏组件通过改变光伏组件内部电池片的串并联电路结构，
可以在一定程度上提高光伏组件的最大功率，减小遮挡、热斑对组件发电的影响
[2]。然而，由于组件内部电池片串并联方式的改变，旁路二极管并联的电池片的
结构是不一样的，在完成旁路二极管功能试验时，遮挡的电池片位置和数量也是
不一样的。文献[3]描述了高效率三结砷化镓太阳能电池阵，通过遮挡电池片检
测太阳能电池阵的 $I-V$ 特性曲线，判断二极管通断功能是否正常。文献[3]中每
片电池都并联 1 个旁路二极管，这与常规的 60 片或 72 片电池片并联 3 个旁路二
极管的组件不同，文中也没有明确提出判断旁路二极管通断的方法。

　　本节针对常规光伏组件，采用 MQT18 序列 B 进行旁路二极管功能试验，通
过试验，对遮挡电池片后的功率衰减数据和 $I-V$ 特性曲线进行分析，总结出判
断旁路二极管通断的方法，也可以通过实验的 $I-V$ 特性曲线推断出光伏组件的
内部电路结构。

4.4.1　旁路二极管功能试验遮挡检测原理

　　假定光伏组件内部电池片的各项参数一致，在均匀辐照强度下，旁路二极管
处于关断状态，整个光伏组件内部的等效电路如图 4.9 所示。

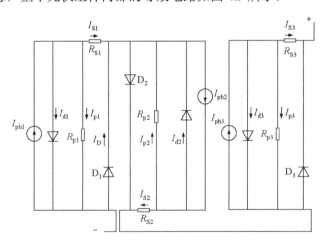

图 4.9　光伏组件内部的等效电路

太阳能电池等效为光生电源 I_{ph}、二极管、并联电阻 R_p、串联电阻 R_s 组成的
电路。将 3 组电池串与 3 个旁路二极管分别并联后再相互串联，各电池串中参数
的关系为

$$I_s = I_{ph} - I_d - I_p$$
$$I_d = I_0 \left\{ \exp\left[q(V + I_s R_s) / nKT \right] - 1 \right\}$$
$$I_D = I_{0b} \left\{ \exp\left[q V_D / nKT \right] - 1 \right\} \tag{4.5}$$
$$I_p = (V + I_s R_s) / R_p$$

式中，I_d 为流过二极管的电流；I_D 为流过旁路二极管的电流；I_p 为电池漏电流；I_0 为反向饱和电流；I_{0b} 为旁路二极管反向饱和电流；q 为电子电荷，其值为 1.6×10^{19} C；n 为二极管因子；K 为玻尔兹曼常数，其值为 1.38×10^{-23} J/K；R_s 为串联电阻；R_p 为并联电阻，其值很大，所以 I_p 近似为 0。

每一串电池串的输出特性方程为

$$I_s = I_{ph} - I_0 \left\{ \exp\left[q(V + I_s R_s) / nKT \right] - 1 \right\} - (V + I_s R_s) / R_p$$
$$\approx I_{ph} - I_0 \left\{ \exp\left[q(V + I_s R_s) / nKT \right] - 1 \right\} \tag{4.6}$$

即

$$V = nKT / q \times \ln(I_{ph} - I_s / I_0 + 1) - I_s R_s \tag{4.7}$$

当组件没有遮挡时，输出电流为 $I_{s1} \approx I_{s2} \approx I_{s3}$，组件中 3 个旁路二极管处于反向偏压下，旁路二极管关断，此时组件对外输出的特征方程为

$$V = V_1 + V_2 + V_3 = nKT / q \times \left[\ln(I_{ph1} - I_s / I_0 + 1) + \ln(I_{ph2} - \right.$$
$$\left. I_s / I_0 + 1) + \ln(I_{ph3} - I_s / I_0 + 1) \right] - 3 I_s R_s \tag{4.8}$$

当组件中电池串 1 发生遮挡，$I_{s1} < I_{s2} \approx I_{s3}$ 时，若负载较小，组件输出较大电流，电池串 1 的旁路二极管处于正向偏压下，旁路二极管 D_1 导通，此时组件对外输出的特征方程为

$$V = V_{D1} + V_2 + V_3 = n_b K T_b / q \times \ln(I_s - I_{ph1} / I_{0b} + 1) + nKT / q \times$$
$$\left[\ln(I_{ph2} - I_s / I_0 + 1) + \ln(I_{ph3} - I_s / I_0 + 1) \right] - 2 I_s R_s \tag{4.9}$$

随着负载增大或电池串 1 未完全遮挡而成为负载，$I_{s1} \approx I_{s2} \approx I_{s3}$，电池串 1 的旁路二极管处于反向偏压下，旁路二极管 D_1 关断，此时组件对外输出的特征方程与式（4.8）相同。

当组件发生遮挡时，随着遮挡情况不同，旁路二极管的通断状态也不相同，发生遮挡时组件对外输出的特征方程为

当 $I_{s1} \approx I_{s2} \approx I_{s3}$ 时，$V = V_1 + V_2 + V_3 = nKT / q \times$

$$\left[\ln(I_{ph1} - I_s / I_0 + 1) + \ln(I_{ph2} - I_s / I_0 + 1) + \ln(I_{ph3} - I_s / I_0 + 1) \right] - 3 I_s R_s$$

当 $I_{s1} < I_{s2} \approx I_{s3}$ 时，$V = V_{D1} + V_2 + V_3 = n_b K T_b / q \times \ln(I_s - \tag{4.10}$

$$I_{ph1} / I_{0b} + 1) + nKT / q \times \left[\ln(I_{ph2} - I_s / I_0 + 1) + \ln(I_{ph3} - I_s / I_0 + 1) \right] - 2 I_s R_s$$

光伏组件内部 3 个旁路二极管各自并联着相同数量的电池片，这 3 个旁路二极管并联的电池片串联后向外输出电能。当一个旁路二极管导通时，其并联的电池片被短路，即短路掉所有电池片的 1/3，此时组件的输出功率为所有电池片总功率的 2/3。依据 IEC 61215：2016 标准对组件进行旁路二极管功能试验，该标准指出，当一个旁路二极管导通时，组件输出功率会降为标准检测条件下功率的 2/3。

4.4.2　不同光伏组件及内部电路结构示例

目前各厂家生产、研发的光伏组件的内部电路结构多种多样，本节对 4 种常见内部电路结构的光伏组件进行旁路二极管功能试验，它们的内部电路结构示意图如图 4.10 所示。

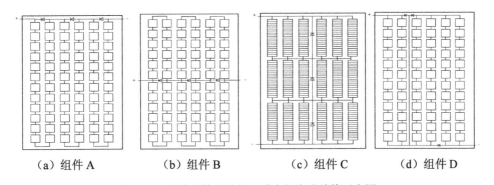

（a）组件 A　　　（b）组件 B　　　（c）组件 C　　　（d）组件 D

图 4.10　光伏组件常见的 4 种内部电路结构示意图

从图 4.10 中可以看出，4 种光伏组件都包含 3 个旁路二极管。图 4.10（a）中组件 A 中的所有电池片串联，每个旁路二极管与总数量 1/3 的电池片并联，3 个旁路二极管封装在组件顶端的 3 个小接线盒中。图 4.10（b）中的组件 B 为半片电池片组件，组件 B 中的电池片尺寸为 78 mm×156 mm，是其他类型组件电池片尺寸（156 mm×156 mm）的一半。半片电池片与整片电池片相比，输出电压相同，电流为整片电池片的一半，为保证组件 B 的输出电压和电流与整片电池片组件的输出电压和电流相同，组件 B 将所有半片电池片分成两部分，每部分电池片串联后再并联。组件 B 的旁路二极管采用 3 个小接线盒在组件中间封装。组件 C 为叠瓦组件，电池片通过叠压相互导通，它的旁路二极管采用 3 个小接线盒在组件中间纵向封装。组件 D 中相邻两组电池串与一个二极管并联后再相互串联，3 个旁路二极管封装到组件两端的两个接线盒中。由于封装技术和生产工艺不同，4 种光伏组件的内部电路结构各不相同。不同电路结构的光伏组件在按照 MQT18 序列 B 进行旁路二极管功能试验时，遮挡的电池片位置和方式也迥然不同。

对这 4 种光伏组件进行标准检测条件下的电学性能试验，可以得到，组件 A 的输出功率为 378.214 W，组件 B 的输出功率为 337.952 W，组件 C 的输出功率为 391.181 W，组件 D 的输出功率为 342.704 W。

IEC 61215：2016 标准指出，当遮挡电池片使一个旁路二极管导通时，组件输出功率会降为标准检测条件下的 2/3，本节通过检测标准检测条件下的组件输出功率判断旁路二极管是否导通。

4.4.3 不同内部电路结构的光伏组件遮挡位置分析

对于光伏组件 A 而言，通过试验容易发现，完全遮挡 72 片电池片中的任意 1 片，都会有旁路二极管导通，试验结果如图 4.11 所示。

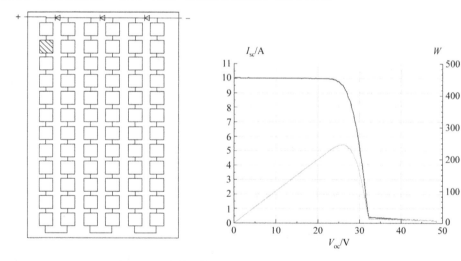

图 4.11 光伏组件 A 旁路二极管功能试验结果

遮挡一块电池片后，组件在标准检测条件下的输出功率为 246.322 W，约为不遮挡时输出功率的 2/3。从 $I-V$ 特性曲线可以发现，遮挡后组件的漏电流小于 1 A。

光伏组件 B 旁路二极管功能试验结果如图 4.12 所示。图 4.12（a）为组件 B 遮挡①、②路中各任意一块电池片的情况，此时组件 B 在标准检测条件下的输出功率为 220.080 W；图 4.12（b）为组件 B 遮挡②、⑧路中各一块电池片的情况，此时组件 B 在标准检测条件下的输出功率为 221.647 W；图 4.12（c）为组件 B 遮挡②、③路中各一块电池片的情况，此时组件 B 在标准检测条件下的输出功率为 180.270 W。

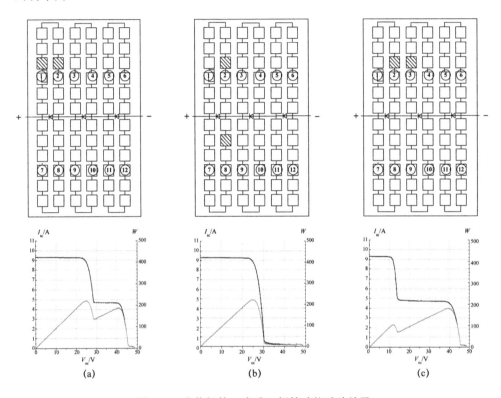

图 4.12　光伏组件 B 旁路二极管功能试验结果

采用图 4.12（a）和图 4.12（b）中的遮挡方式，组件输出功率降为不遮挡时的 2/3，采用图 4.12（c）中的遮挡方式，组件输出功率降为不遮挡时的 1/2。依据 IEC 61215：2016 标准，采用图 4.12（c）中的遮挡方式，组件输出功率未降为不遮挡时的 2/3，所以这种遮挡方式不能验证旁路二极管是否导通。从 I–V 特性曲线可以发现，采用图 4.12（a）中的遮挡方式，I–V 特性曲线拐点在短路电流的 1/2 处，这是因为电流从图 4.12（a）遮挡方式的⑦、⑧路流通，即有遮挡部分的①、②路没有工作。由于左侧支路仅有⑦、⑧路工作，电流减小为①、②、⑦、⑧路同时工作时的一半，左、中、右三部分串联，所以整个组件电流减小为未被遮挡时的一半。若采用图 4.12（b）中的遮挡方式，左侧支路的上下部分都因为遮挡而不工作，旁路二极管导通，所以在 I–V 特性曲线中没有出现电流降为未被遮挡时一半的情况。

从上述分析可得，采用图 4.12（b）中的遮挡方式，遮挡与旁路二极管所并联的各支路中的任意一块电池片，旁路二极管导通，输出功率降为未遮挡时的 2/3，组件漏电流小于 1 A。

光伏组件 C 旁路二极管功能试验结果如图 4.13 所示。

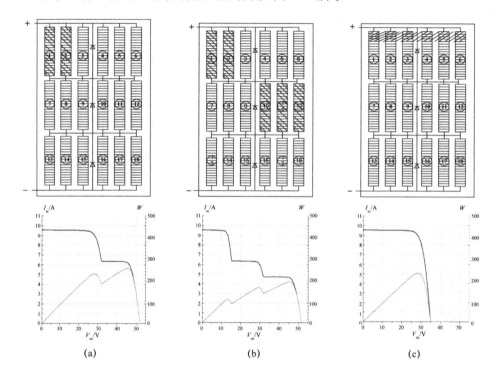

图 4.13　光伏组件 C 旁路二极管功能试验结果

按图 4.13（a）中方式遮挡①、②路电池串后，组件 C 在标准检测条件下的输出功率为 283.308 W，约为不遮挡时输出功率的 2/3；按图 4.13（b）中方式遮挡①、②、⑩、⑪、⑫路电池串后，组件 C 在标准检测条件下的输出功率为 210.942 W，约为不遮挡时输出功率的 1/2；按图 4.13（c）中方式遮挡①～⑥路电池串中部分电池片后，组件 C 在标准检测条件下的输出功率为 253.348 W，约为不遮挡时输出功率的 2/3。

采用图 4.13（a）中的遮挡方式，组件输出功率降为不遮挡时的 2/3，这是因为①、②路电池串被遮挡，导致①、②路电池串不工作，仅有③～⑥路电池串这 4 路电池串产生电流，所以电流为原来的 2/3，与其他两部分电池串串联后电流仍为原来的 2/3，因此功率降为原来的 2/3。图 4.13（b）中遮挡方式导致输出功率降为不遮挡时的 1/2，这种遮挡方式使功率降低的原因与图 4.13（a）中遮挡方式的原因相同：遮挡与二极管所并联的各支路中任意一块电池片会使并联电池串电流降低，从而导致组件功率降低。从图 4.13 中也可以清楚地看出，I–V 特性曲线在电流降至相应位置时出现弯曲，甚至多次弯曲。在图 4.13（c）的遮挡方式中，①～⑥路电池串都因为遮挡而不工作，旁路二极管导通。

从上述分析可得，采用图 4.13（c）中遮挡方式遮挡与旁路二极管所并联各支路中任意一块电池片，旁路二极管导通，输出功率降为未遮挡时的 2/3，组件漏电流小于 1 A。而采用其余遮挡方式，旁路二极管仍有部分支路工作，由于工作的电池串产生的电流小于二极管并联的全部电池串产生的电流，所以 I–V 特性曲线出现弯曲。

光伏组件 D 旁路二极管功能试验结果如图 4.14 所示。

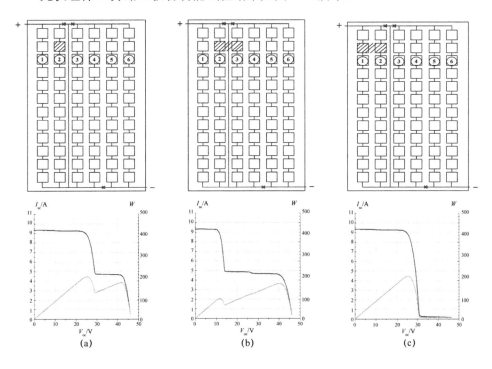

图 4.14　光伏组件 D 旁路二极管功能试验结果

按图 4.14（a）中方式遮挡②路电池串中一块电池片后，组件 D 在标准检测条件下的输出功率为 222.220 W，约为不遮挡时输出功率的 2/3；按图 4.14（b）

中方式遮挡②、③路中一块电池片后，组件 D 在标准检测条件下的输出功率为 182.617 W，约为不遮挡时输出功率的 1/2；按图 4.14（c）中方式遮挡①、②路电池串中一块电池片后，组件 D 在标准检测条件下的输出功率为 222.438 W，约为不遮挡时输出功率的 2/3。

采用图 4.14（a）中的遮挡方式，组件输出功率降为不遮挡时的 2/3，但 $I-V$ 特性曲线在电流降为 I_{sc} 的 1/2 时发生弯曲，所以不能判定旁路二极管是否导通。采用图 4.14（b）中的遮挡方式，组件输出功率降为不遮挡时的 1/2，不能判定旁路二极管是否导通。遮挡的②、③路中的电池片是与两个不同的旁路二极管并联的，仔细研究可以发现，$I-V$ 特性曲线在电压为 14 V 和 28 V 处有两次弯曲，可以推断：遮挡的电池片与两个旁路二极管并联，$I-V$ 特性曲线会出现两次弯曲。在图 4.14（c）的遮挡方式中，①、②路电池串都因为遮挡而不工作，二极管导通。

从上述分析可得，采用图 4.14（c）中遮挡方式遮挡与旁路二极管所并联各支路中的任意一块电池片，旁路二极管导通，输出功率降为未遮挡时的 2/3，组件漏电流小于 1 A。

4.4.4 旁路二极管功能试验分析

综合上述 4 种不同内部电路结构光伏组件旁路二极管功能试验结果和 $I-V$ 特性曲线可以发现，在检测旁路二极管功能时，需要通过分析组件内部电路结构，遮挡与旁路二极管所并联各支路中的任意一块电池片，使组件功率降为未遮挡时的 2/3，组件漏电流小于 1 A。

遮挡不同电池片得到不同情况下的 $I-V$ 特性曲线，在实际应用中，随机遮挡一块或几块电池片，根据遮挡电池片得到的 $I-V$ 特性曲线情况可以反向推导光伏组件的内部电路结构。若遮挡的电池片为一个二极管并联的电池片，此时 $I-V$ 特性曲线在开路电压的 2/3 处发生弯曲，若遮挡的电池片为两个二极管并联的电池片，$I-V$ 特性曲线在开路电压的 1/3 和 2/3 处发生两次弯曲。

由图 4.15 可见，假如组件中一个旁路二极管并联 θ 条支路，如果有 γ 条支路未被遮挡，其余 $\theta-\gamma$ 条支路至少有一块电池片被遮挡，即有 γ 条支路正常工作，这些支路的输出电流是 θ 条支路同时工作时电流的 γ/θ 倍。该旁路二极管未导通，与其他两个旁路二极管并联的电池片串联后，整个光伏组件的输出电流将会在 $\gamma/\theta \times I_{sc}$ 处发生弯曲，这种情况是式（4.10）的实例验证。

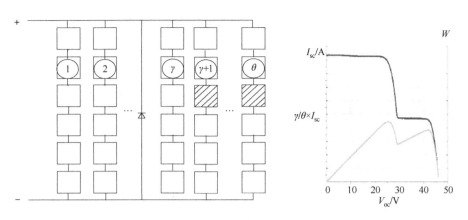

图 4.15　遮挡旁路二极管并联支路数量与 I–V 特征曲线弯曲情况

4.4.5　小结

本节依据 IEC 61215:2016 标准的 MQT18 序列 B 进行旁路二极管功能试验，对 4 种不同内部电路结构的光伏组件遮挡不同数量电池片的功率变化进行试验分析。试验结果表明：只有在遮挡二极管并联的所有支路上的一块或多块电池片时旁路二极管才导通；遮挡不同二极管并联的电池片、遮挡二极管并联的部分支路中的电池片会使 I–V 特性曲线发生弯曲。因此，在进行旁路二极管功能试验前需要分析光伏组件的内部电路结构，反之，通过遮挡不同电池片进行试验也可以推断光伏组件的内部电路结构。

第5章 光伏组件箱模拟运输检测技术

光伏组件箱的主要功能就是保证内部包装光伏组件的安全，各光伏组件生产厂家生产的光伏组件在出厂时都会根据光伏组件的结构特点，按照设计的包装结构进行包装。光伏组件箱在一定程度上能够避免因外部的振动或者冲击产生较大的应力对光伏组件造成损坏，损坏的光伏组件无法正常使用，进而造成企业及个人的经济损失。为了避免光伏组件在运输中发生这种不必要的损失，我们可以通过模拟运输试验检验光伏组件箱对组件的保护能力，了解光伏组件在光伏组件箱内经过运输后是否会产生较大的结构损伤。对不合格的光伏组件箱、不合理的包装方式进行重新设计，提升光伏组件与光伏组件箱的匹配度，减少光伏组件运输过程中产生的经济损失。

本章按照 IEC 62759-1:2015 标准对模拟运输试验的要求，挑选 3 种典型光伏组件及其包装方式，通过试验分析模拟运输过程对光伏组件产生的损伤，结合后续环境应力试验验证这些损伤对光伏组件性能的影响，根据产品最后的实际表现来验证光伏组件箱设计的合理性与可靠性。随着近些年来人们对光伏组件箱的包装越来越重视，业界对光伏组件的运输这一环节也提出了更为严苛的要求，为了能够反映实际运输中的各种振动与冲击，试验过程中的振动图谱与冲击参数的设定要合理科学。模拟运输过程实际上就是将光伏组件箱在运输中可能遇到的各种严苛情况在实验平台上进行模拟，通过设定一系列完整的参数和流程考验光伏组件箱对光伏组件的保护能力，从而来预判在使用光伏组件箱运输时，光伏组件可能受到的损伤程度。

5.1 光伏组件箱模拟运输检测技术的重要作用

5.1.1 研究背景及意义

随着制造技术和配套产业的迅猛发展，清洁能源领域的太阳能光伏发电逐渐成为新能源发电的中坚力量。2018 年，全球光伏新增装机容量达到 110 GW，创历史新高，同比增长 7.8%，总产值达到约 2200 亿元人民币，其中主要装机国家：中国、美国、欧洲、印度和日本的装机量分别为 41 GW、12 GW、11 GW、11 GW 和 8 GW，而中国太阳能光伏以占比 36.4% 的装机容量遥遥领先其他国家与地区。随着国内外对光伏产品的需求量迅速增长，对它的包装要求也越来越高。我国生产的光伏组件主要通过海运和陆运向国外与国内大型发电站输运，运输距离较长的可达上万千米。运输过程中严苛的环境——振动、冲击、高低温、湿度变化等都会对光伏组件性能产生不利的影响，因此要求光伏组件箱能够保护内部光伏组件经受不同运输方式下产生的不同强度与形式的振动、冲击、跌落以及温度、湿度的要求。以中国为例，全国 80% 以上的光伏组件产能集中在长三角地区，而大型集中式光伏电站主要集中在新疆、内蒙古、甘肃、西藏等中国西北部，长距离运输对光伏组件箱的挑战极大，通常光伏组件由产地通过海运、陆运（包括火车和卡车）运输到光伏电站安装场地，光伏组件运输方式如图 5.1 所示。目前光伏组件时常会因包装不当在运输中产生不同程度的隐裂、破碎等损伤，甚至是整箱光伏组件的毁坏，不仅造成直接的经济损失，还造成工期延误和法律纠纷，而隐裂等潜在的隐患在后期对光伏电站的危害也会非常严重。我国光伏产业的迅猛发展对光伏组件箱包装结构的升级提出了迫切需求，并且需要专业的检测技术来判断光伏组件箱结构是否满足光伏组件长途运输的要求。

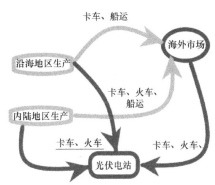

图 5.1　光伏组件运输方式

目前国际上有针对运输容器与系统包装性能的 ASTM_D4169 系列标准与组合运输产品包装件的 ISTA-3E 标准，国内也参考以上标准及 ISO2244 标准等出台了可供参考的包装件产品的性能验证标准，例如包装+运输包装件的 GBT+4857 系列标准。

近年来针对光伏组件及光伏组件箱运输的测试标准组件陆续公布，行业内主要参照 IEC 62759-1:2015 标准进行光伏组件箱模拟运输的试验。一直以来，国内企业与各实验室虽然早已意识到光伏组件箱模拟运输检测的重要性，但苦于缺乏设备而不能对光伏组件箱按照 IEC 62759-1:2015 标准进行完整的模拟运输试验。2017 年，中国泰尔实验室首次建立了能够完全满足 IEC 62759-1:2015 标准要求的检测系统，并通过了中国国家认证认可监督管理委员会的评审，成为中国首家完全具有 IEC 62759-1:2015 的 CNAS 和 CMA 资质的实验室。

本章以 IEC 62759-1:2015 标准为依据，利用中国泰尔实验室的检测平台，为国内光伏组件企业提供光伏组件箱质量的认证和检测，并不断总结检测中发现的问题，为国内光伏组件企业提供技术支持和改进建议，帮助企业在提高光伏组件箱保护能力的同时降低企业的经济损失。

5.1.2　光伏组件箱模拟运输检测的目标与主要内容

本章按照 IEC62759-1:2015 标准的要求，对光伏组件及光伏组件箱进行全面的检测评估。结合模拟运输试验与环境应力试验对光伏组件箱完整的包装单元进行分析，以确定光伏组件箱的结构和标准是否符合国际标准要求。可以认为经过检测认证的光伏组件箱的包装结构与材料能够利用相应的设计保证光伏组件在运输过程中的安全性。

本节检测技术涉及的主要方面如下。

（1）光伏组件箱包装质量。

光伏组件箱的包装质量对产品后续安装使用的影响举足轻重，为了验证各类常规光伏组件的光伏组件箱对内部光伏组件的保护效果，对光伏组件箱进行模拟运输，本章参考 IEC 62759-1:2015 标准设计光伏组件箱模拟运输各环节的测试流程。

首先，选取 3 种目前市场上最为常见，最具代表性的光伏组件及其典型的光伏组件箱包装方案作为试验对象。按照 IEC 62759-1:2015 标准对光伏组件进行抽样，从受检光伏组件箱中抽取足够数量的无外观缺陷、无隐裂等设计性能缺陷的光伏组件作为试验对象，其余光伏组件作为填充件。使用厂家提供的包装材料，按照提供的包装方式，将抽取的光伏组件打包，让试验光伏组件尽可能地分布在光伏组件箱的各个典型位置。

接下来，对光伏组件箱进行模拟运输试验，按照一定的振动图谱和冲击波形执行振动与冲击，来模拟光伏组件箱的实际运输，对试验数据进行记录，在完成模拟运输试验后，将光伏组件拆出进行性能检测，结合 IEC61215 标准和 IEC61646 标准

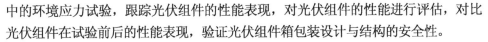

中的环境应力试验，跟踪光伏组件的性能表现，对光伏组件的性能进行评估，对比光伏组件在试验前后的性能表现，验证光伏组件箱包装设计与结构的安全性。

（2）光伏组件箱包装技术。

对光伏组件箱的整体结构与包装材料进行分析，了解包装箱如何根据光伏组件类型在运输过程中起到保护作用，根据光伏组件箱在模拟运输中的表现，结合光伏组件的受损情况，对光伏组件箱保护性能进行分析。比较无边框光伏组件、带边框光伏组件包装方式的差别，分析光伏组件箱结构设计与光伏组件类型相匹配的重要性，对损坏的光伏组件箱提出改进建议。

5.2 光伏组件箱模拟运输试验的理论基础

5.2.1 模拟运输的试验原理

光伏组件是一种持续在户外暴晒使用的工业产品，其使用寿命很大程度上取决于安装时光伏组件的性能与结构状况。光伏组件由光伏组件厂批量生产并被包装在光伏组件箱中，经历装卸、运储、存储等流通环节。在装卸作业时，因操作者操作不当会增加冲击与跌落的风险。在运输过程中，光伏组件箱会经历公路运输中起停、变速与颠簸等引起的冲击，铁路运输中通过轨道间隙的振动及火车起停的冲击，海路运输中船舱颠簸引起的振动和冲击等。如果光伏组件箱包装设计存在问题，箱体内部的光伏组件会相互挤压和碰撞，造成光伏组件电池片隐裂、边框以及表面损伤甚至破裂、接线盒盖损坏，更严重的可能会使光伏组件弯曲变形、破裂，从而丧失使用价值。

模拟运输的设计，主要是为了在实验室环境下，通过随机振动、垂直冲击、水平冲击、斜面冲击和旋转跌落来模拟光伏组件箱在实际运输至安装地过程中的各种冲击与振动，对光伏组件箱的质量与结构性能进行检测。因此模拟运输的振动与冲击应与实际运输环境下尽可能相近，充分体现光伏组件箱在流通系统中的表现，并通过后续一系列试验对其进行验证。

5.2.2 模拟运输试验环节与各项参数

模拟运输部分的试验顺序：初始外观检查→随机振动试验→斜面冲击试验→旋转跌落试验→垂直冲击试验→水平冲击试验→最终外观检查，各试验环节与各项参数见表 5.1。

表 5.1   模拟运输试验环节与各项参数

随机振动试验	频带范围/Hz	加速度均方根值/g	持续时间/min		振动方向	
	5~200	0.49	180		垂直向	
斜面冲击试验	冲击速度 m/s	冲击平面	冲击顺序		冲击次数	
	≥1.1	2面、4面、5面、6面	5面、6面、2面、4面		各1次	
旋转跌落试验	跌落高度/mm	跌落棱	跌落顺序		跌落次数	
	200	3-4棱、3-6棱	3-6棱、3-4棱		各1次	
垂直冲击试验	冲击波形	冲击脉宽/ms	冲击幅值/g	冲击方向		冲击次数
	半正弦波	11	10	垂直向		100
水平冲击试验	冲击波形	冲击脉宽/ms	冲击幅值/g	冲击平面		冲击次数
	半正弦波	350	1	5面、6面、2面、4面		各1次

1. 随机振动试验

本章根据光伏组件实际道路情况，综合运输环境等各方面因素选择功率谱密度等级为 II 的、180 min 的随机振动，通过随机振动试验，实现光伏组件箱在我国实际道路钢簧减震卡车运输过程的模拟仿真。非等级道路和地面坑洼、轨道接口和运输工具起步以及制动所引起的冲击没有包含在随机振动中。一般来说，卡车运输是对光伏组件箱包装要求最严苛的长途运输方式。因此，进行卡车运输模拟检测可以涵盖大多数其他运输工具。所采用的随机振动图谱参考 ASTM D4169-09 中提供实际道路检测的功率密度图谱，相关参数如下：频带范围为 5~200 Hz，加速度的均方根值为 0.49 g，持续时间为 180 min，振动方向为垂直方向。在随机振动试验过程中，电动振动台的设定响应谱和试验响应谱如图 5.2 所示。

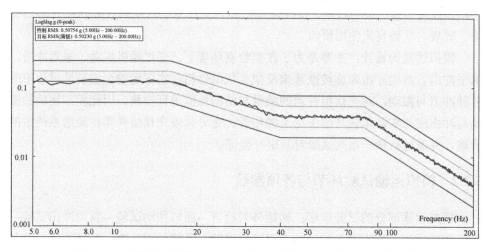

图 5.2   在随机振动试验中，电动振动台的设定响应谱和试验响应谱

试验相关参数的具体含义如下。

（1）频带范围：随机振动的瞬时振幅在任何给定的时刻都没有规定。瞬时振幅是由概率分布函数决定的，分布函数的积分在给定的振幅范围内，表示振幅落在该范围内可能的时间百分比。

（2）加速度均方根值：加速度均方根值是功率谱密度除以总频率范围积分的平方根，用来描述检测等级的严苛程度。功率谱密度则是单位频率下加速度信号的均方值（全部频率范围内功率谱密度的平方根值）。

（3）持续时间：持续时间是指对光伏组件进行持续检测的时间长短，在这期间光伏组件一直在电动振动台上按固定振动图谱振动。持续时间一般是由光伏组件的运输路程换算的，在知道光伏组件箱的运输总距离的情况下可按照式（5.1）进行换算。

$$t = S/K \tag{5.1}$$

式中，t 表示试验时间，单位为 min；S 表示总运输距离，单位为 km；K 为试验时间估算常数，一般为 6，单位为 km/min。

在实际进行试验时，在电动振动台上安装两个振动传感器，对实时振动信号进行采集并及时通过监测系统对振动进行反馈调整。

2. 斜面冲击试验

对光伏组件箱进行斜面冲击试验，模拟叉车装卸过程中冲撞产生的应力。在光伏组件箱经历的物流环节中，叉车的使用不可避免。为了保证物流效率，高速行驶的叉车无法保证转运过程稳定、平和，斜面冲击试验有助于帮助我们了解这一环节对光伏组件箱造成的影响。

3. 旋转跌落试验

将光伏组件箱的一侧垫高，一般垫高高度为 100 mm，将另一侧抬高至一定高度释放，进行旋转边缘下坠试验，以检测支撑部位托盘与光伏组件箱内光伏组件包装的完整性。光伏组件箱箱体的主体部分与托盘并不是完全一体的，大多数是使用打包带对光伏组件加固并附在托盘上的。旋转跌落试验可以对光伏组件箱包装整体的牢固程度和遭受外力突然跌落时的表现进行检测。

4. 垂直冲击试验

将光伏组件箱安装在垂直冲击台上，使用升降机把冲击台抬高至一定高度，通过加速使其下落，利用下落缓冲区的特殊材料，产生一个反向冲击来实现垂直冲击。冲击波形为半正弦波，冲击脉宽为 11 ms，冲击幅值为 10 g，冲击方向为垂直方向，冲击次数为 100 次。垂直冲击试验主要模拟的是在公路运输中，路面坑洞或人行道边缘带来的冲击以及船运中船舱与光伏组件箱之间的颠簸冲击，在随机振动试验中并未覆盖这些冲击，通过垂直冲击试验可以模拟这些情况对整箱光伏组件的影响。在实际试验时，不同光伏组件箱因为质量、尺寸的差异，在每次冲击循环前都会通过改变试验台下落距离、下落时间和缓冲部分的材料、厚度来对冲击波进行调整，与目标波形匹配。垂直冲击试验的波形图如图 5.3 所示。

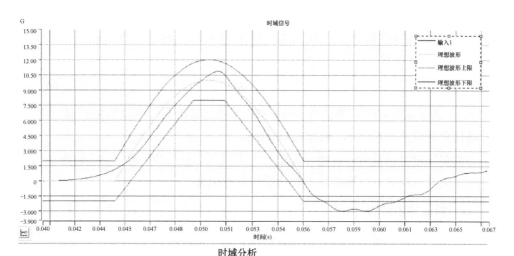

时域分析

信号名称	加速度测量/g		脉宽/ms		速度变化量/(m/s)	
	测量值	误差(%)	测量值	误差(%)	测量值	误差(%)
理想波形	10.00		11.00		0.69	
输入1	10.86	8.63	10.64	-3.23	0.65	-5.49

图 5.3　垂直冲击试验的波形图

5. 水平冲击试验

在实际运输过程中，运输车辆起步与刹车时的突然加减速以及在弯道处因转向产生的侧向加速度都可能使光伏组件箱的包装出现问题。为了检测光伏组件箱包装的完整性，了解光伏组件在光伏组件箱内可能会产生的位移，需要对光伏组件箱进行水平冲击试验。试验主要通过一个 350 ms/g 的水平长脉冲冲击波来模拟。

5.3　光伏组件箱模拟运输检测数据和结果分析

5.3.1　光伏组件箱模拟运输检测的主要内容

市场上的主流晶体硅光伏组件有两种封装方式，一种是带有铝边框的单玻光伏组件，另外一种是没有铝边框的双玻光伏组件。受光伏组件结构的限制，光伏组件在光伏组件箱中只有两种放置方式：立放与平放，如图 5.4 所示。没有铝边框的双玻光伏组件以立放为主，而带有铝边框的单玻光伏组件可以立放或平放。

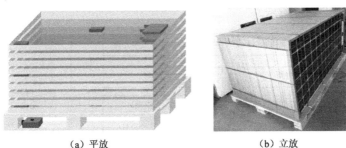

（a）平放　　　　　　　　　　　　（b）立放

图 5.4　光伏组件在光伏组件箱中的两种放置方式

不同放置方式的光伏组件具有不同的包装工艺，在平放方式中，底部光伏组件需承受堆放的所有光伏组件的质量，其可能导致底部光伏组件受到巨大的应力而变形破损，立放可以让每块光伏组件受力均匀。立放相比于平放对光伏组件保护性强，能减小装箱人员的劳动强度，是目前主流的光伏组件箱包装方式。对于立放光伏组件，国内大型光伏生产企业在综合考虑装箱、拆箱难度、安装便捷性以及成本等因素后采用托盘包装方案，装箱光伏组件数量在 25～35 片之间。

光伏组件箱托盘包装主要分为 3 部分：木制托盘、外包装件和内包装结构件。木制托盘主要由木材和胶合板组合而成，为光伏组件提供支撑与保护；外包装件主要由瓦楞纸箱、隔水膜、压块和刚性打包带等组成；内部包装结构件为光伏组件提供分隔、固定、支撑与缓冲功能，与木制托盘和外包装件联同保护光伏组件箱内的光伏组件。托盘包装是将光伏组件按照一定顺序码放在托盘上，通过刚性打包带包裹、捆扎等方式将其固定。单个完整光伏组件箱便于机械化装卸、运输等，但是如果光伏组件箱内部光伏组件的固定方式不牢固，外部包装箱的保护不充分，很容易造成光伏组件的倒塌和损坏。进行模拟运输试验可以提前判断出光伏组件箱结构和设计存在的缺陷。本节模拟运输试验使用的检测设备见表 5.2。

表 5.2　模拟运输试验使用的检测设备

序　号	名　称	型　号
1	电动振动台	DC-10000-100
2	地震模拟振动台	2.5 m×2.5 m
3	垂直冲击台	CL-1500
4	斜面冲击台	SMJ-2000
5	高度游标卡尺	300 mm
6	遥控无绳脱钩器	TGQ-3-WD

本节的主要检测内容包括光伏组件外观检查、电气性能和安全性检测、模拟运输振动检测、环境检测、试验后的电气性能和安全性检测。光伏组件箱模拟运输检测流程如图 5.5 所示。

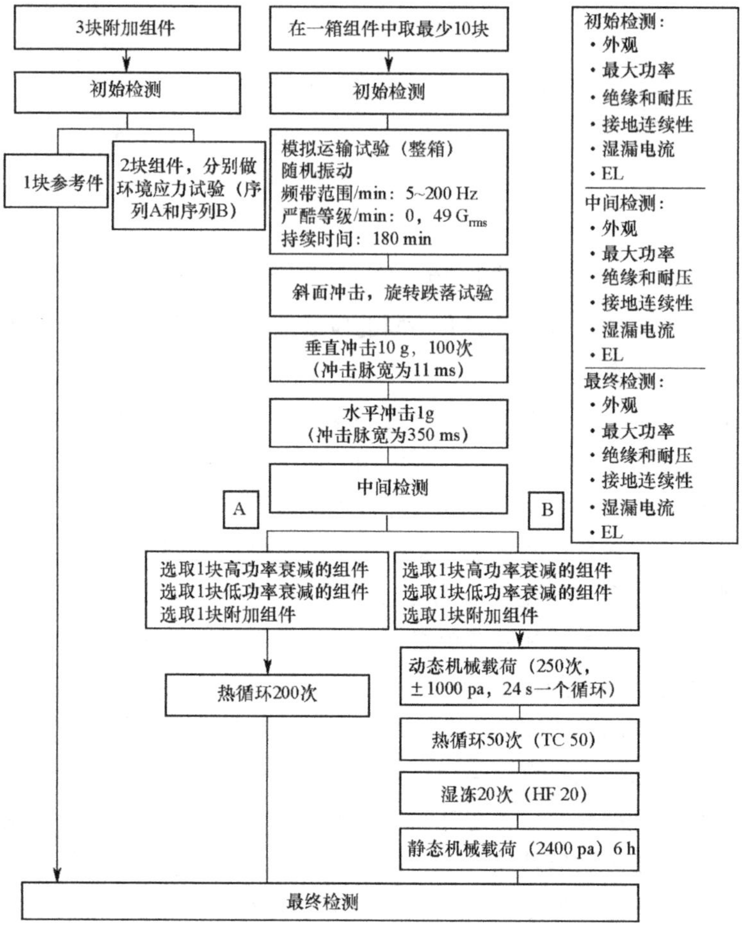

图 5.5　光伏组件箱模拟运输检测流程

5.3.2　光伏组件箱模拟运输试验

光伏组件箱模拟运输试验的主要步骤如下。

（1）在试验前对光伏组件箱进行外观检查，对光伏组件箱的 6 个面进行排序标示，4 个竖直面分别标为面 5、面 6、面 2 和面 4，上面和下面分别是面 1 和面 3，如图 5.6 所示。

图 5.6　模拟运输试验中光伏组件箱各面与棱的编号

（2）将光伏组件箱按正常运输方式放置在电动振动台上，并用紧线器牢固固定，进行随机振动试验，频带范围为 5～200 Hz，加速度均方根值为 0.49 g，振动持续时间为 180 min，在振动台台面布置 2 只加速度传感器作为振动台控制点，试验中采用加权平均控制策略。

（3）将光伏组件箱放置在斜面冲击台上，依据 GB/T 4857.11-2005，依次对编号为 5、6、2 和 4 的 4 个垂直面进行 1 次冲击，冲击速度均大于 1.1 m/s。光伏组件箱斜面冲击试验示意图如图 5.7 所示。

GB/T 4857.11—2005

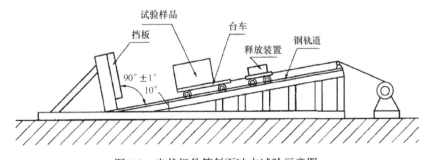

图 5.7　光伏组件箱斜面冲击试验示意图

（4）将光伏组件箱放置在刚性水泥地面上，将一侧短棱垫高 100 mm，将另一侧短棱提高至距地面 200 mm 处释放，完成 1 次旋转跌落，然后以相同方式对长棱进行 1 次旋转跌落。

（5）将光伏组件箱按运输方式放置在垂直冲击台面上，并用紧线器固定，然后进行垂直冲击测试，冲击波形为半正弦波，冲击幅值为 10 g，冲击脉宽为 11 ms，垂直冲击试验采用单点监测，监测传感器安装在冲击台面上。

（6）将光伏组件箱按运输方式放置在水平冲击台上，使光伏组件箱接收冲击的垂直面紧贴水平冲击台台面挡板。进行水平冲击试验，冲击波形为半正弦波，冲击幅值为 1 g，冲击脉宽为 350 ms。

（7）试验结束后对光伏组件箱外观进行检查。

完成对光伏组件箱整体的模拟运输试验后，将光伏组件拆出并对其进行后续检测和试验。

5.3.3　环境试验

对完成模拟运输试验后的光伏组件进行性能检测与环境试验，通过模拟实际使用下的环境加速光伏组件的老化，可以在短时间内验证模拟运输试验对光伏组件产生的影响，帮助了解恶劣气候条件对光伏组件性能的影响，并进行预防。

对完成模拟运输试验的光伏组件箱内的光伏组件再次进行性能检测后，对比模拟运输前的光伏组件进行筛选排序，选取 2 块最大功率衰减小的光伏组件、2 块最大功率衰减大的光伏组件和 2 块附加光伏组件（用于横向对照），分成序列 A 和序列 B，进行后续环境应力试验。

序列 A 和序列 B 环境应力试验的顺序如下。

序列 A（3 块光伏组件：1 块最大功率衰减小、1 块最大功率衰减大和 1 块附加光伏组件）：性能检测→TC200→性能检测。

序列 B（3 块光伏组件：1 块最大功率衰减小、1 块最大功率衰减大和 1 块附加光伏组件）：性能检测→动态机械载荷→TC50→HF20→静态机械载荷→性能检测。

性能检测由最大功率检测、EL 检测、接地连续性检测、绝缘和耐压检测、湿漏电流检测组成。

- 最大功率检测：确定光伏组件在各种环境应力试验前后标准测试条件（STC）下的最大功率。
- EL 检测：确定组件内部电池片是否有隐裂。

- 接地连续性检测：确定光伏组件的所有暴露的导电表面之间存在导电路径，使得暴露的导电表面可以在光伏系统中充分接地。
- 绝缘和耐压检测：测定光伏组件中的载流部分与可接触部分之间的绝缘性是否良好。
- 湿漏电流检测：确定光伏组件在潮湿工作条件下的绝缘性能，验证雨、雾、露水或融雪等湿气条件下的绝缘性能。

（1）序列 A。

将光伏组件放入环境箱中进行热循环试验，循环 200 次。热循环主要模拟中温带气候中温度可能的最激烈变化——在短时间内温度经历大的线性跌落与升高，实验室通过缩短这一循环的时间来加速环境的变化。光伏组件是一种多层结构产品，每层的材料不同，热膨胀系数也不同。在热循环这一过程中，因为温度的剧烈变化导致各层间产生应力，主要集中在光伏组件内脆弱的电池片与封装材料之间和电池片连接条之间。通过热循环试验可以了解光伏组件在承受由于温度快速交变而引起的热失配、疲劳和其他应力时的表现。

（2）序列 B。

- 动态机械载荷：确定光伏组件经受风等动态载荷的能力。
- 机械载荷装置：一个能安装光伏组件的刚性平台，同时保证能够在光伏组件加上施加规定的负荷；一台能够在试验过程中监测光伏组件内部电路通断连续性的仪器。

在试验平台上按照厂家给定的安装方式安装光伏组件，接上通电连续性设备方便监测试验过程光伏组件内部电路的连续性，对光伏组件正反面分别施加 1000 Pa 的压强，每 24 s 一个循环，正面持续 12 s 后背面持续 12 s，尽量保证光伏组件整个面上各部位受力均匀，往复循环 250 次。

- TC50：将光伏组件放入热循环箱内完成 50 次循环，原理与序列 A 中的热循环相同。
- HF20：确定光伏组件承受高温、高湿以及-40℃温度影响的能力。将光伏组件放入湿冻箱内完成 20 次循环。
- 静态机械载荷：确定光伏组件经受雪或覆冰等静态载荷的能力。

按照厂家给定的安装方式安装光伏组件。在光伏组件的正面均匀施加 2400 Pa 压强，保持此负荷 1 h。在光伏组件背面均匀施加 2400 Pa 压强，保持此负荷 1 h。执行 3 次循环后拆下光伏组件进行性能检测。

　　注：一般地，对于阵风安全系数 3，2400 Pa 对应于 130 km/h 风速的压力（约±800 Pa）。

5.3.4 检测结果和数据分析

1. 单玻带边框光伏组件（按垂直顺序叠放在托盘上，无内部包装结构件）

按照模拟运输试验流程，首先对一整箱光伏组件抽检不少于 25%比例的光伏组件，进行初始性能检测，本案例从一整箱光伏组件中选取 10 块光伏组件和 3 块附加光伏组件进行初始性能检测，检测结果见表 5.3。

表 5.3 单玻带边框光伏组件初始性能检测结果

最大功率检测（温度 25℃；辐照度 1000W/m²）		接地连续性检测（50A）	绝缘检测（1500V）	耐压检测（8000V）	湿漏电流检测（1500V）
编号	P_{mp}/W	FF/（%）	电压/V	绝缘阻抗/MΩ	是否漏电流	检测电阻/MΩ
1#	388.751	79.39	0.046	＞9990	否	4830
2#	388.164	79.47	0.062	＞9990	否	4860
3#	391.518	79.30	0.051	＞9990	否	3670
4#	388.419	79.06	0.043	＞9990	否	4430
5#	389.220	79.30	0.043	＞9990	否	4170
6#	390.864	79.14	0.050	＞9990	否	3450
7#	389.873	79.43	0.059	＞9990	否	4790
8#	390.380	79.79	0.039	＞9990	否	4840
9#	387.967	79.07	0.044	＞9990	否	4910
10#	387.802	79.31	0.045	＞9990	否	3250
1+#	386.135	79.32	0.046	＞9990	否	3310
2+#	388.721	78.48	0.052	＞9990	否	3580
3+#	385.828	79.26	0.048	＞9990	否	3530

EL 检测得到的 EL 图像可以有效反映光伏组件电池片是否发生隐裂，检测表明，在开始模拟运输试验前，被检测的光伏组件无隐裂（见图 5.8）。

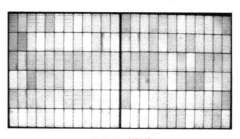

（a）2#无隐裂

图 5.8 光伏组件初始 EL 图像

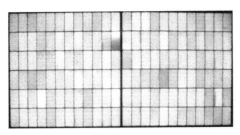

（b）9#无隐裂

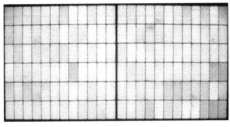

（c）2+#无隐裂

图 5.8　光伏组件初始 EL 图像（续）

　　在光伏组件箱进行模拟运输试验后对其进行中间性能检测，单玻带边框光伏组件模拟运输试验后的中间性能检测结果见表 5.4。

表 5.4　单玻带边框光伏组件模拟运输试验后的中间性能检测结果

最大功率检测（温度 25℃；辐照度 1000W/m²）			接地连续性检测（50A）	绝缘检测（1500V）	耐压检测（8000V）	湿漏电流检测（1500V）
编号	P_{mp}/W	FF/（%）	功率变化/（%）	电压/V	绝缘阻抗/MΩ	是否漏电流	检测电阻/MΩ
1#	386.322	79.04	−0.62	0.050	＞9990	否	8890
2#	385.898	78.93	−0.58	0.057	＞9990	否	7714
3#	390.410	79.16	−0.28	0.042	＞9990	否	3691
4#	387.724	78.74	−0.18	0.048	＞9990	否	4158
5#	389.413	78.70	0.05	0.039	＞9990	否	4702
6#	390.095	78.61	−0.20	0.058	＞9990	否	4365
7#	388.179	79.11	−0.43	0.043	＞9990	否	4355
8#	388.814	79.06	−0.40	0.039	＞9990	否	4321
9#	388.154	78.87	0.05	0.057	＞9990	否	4377
10#	387.644	78.76	−0.04	0.056	＞9990	否	4375

　　对比 EL 图像容易发现，光伏组件 9#在模拟运输试验后出现了轻微隐裂，如图 5.9 所示，这表明内部光伏组件受模拟运输试验影响，产生了一定的损伤，光伏组件的内部因应力产生了隐裂。

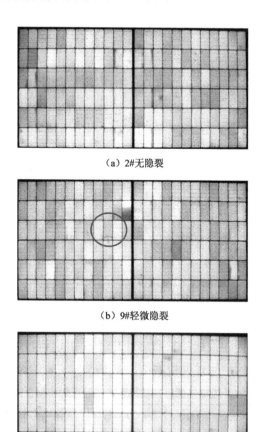

（a）2#无隐裂

（b）9#轻微隐裂

（c）2+#无隐裂

图5.9　光伏组件模拟运输后的EL图像

根据光伏组件功率变化，选取两块最大功率衰减小的光伏组件 1#、2#和两块最大功率衰减大的光伏组件 5#、9#，与附加件 1+#、2+#分别组合进行序列 A 和序列 B 试验。其中序列 A 光伏组件包括 1#、5#、1+#，检测内容主要包括光伏组件性能检测→TC200→光伏组件性能检测；序列 B 光伏组件包括 2#、9#、2+#，检测内容主要包括光伏组件性能检测→动态机械载荷→TC50→HF20→静态机械载荷→光伏组件性能检测。

在完成后续所有环境和载荷试验后，对序列 A 和序列 B 光伏组件进行最终性能检测，检测结果见表 5.5，其中序列 B 的 2#、9#、2+#这 3 块光伏组件最大功率下降明显，且均超过了 5%，这表明在序列 B 的检测中，3 块光伏组件的性能衰退严重。

表 5.5　单玻带边框光伏组件的最终性能检测结果

| 最大功率检测（温度 25℃；辐照度 1000W/m²） | | | 接地连续性检测（50A） | 绝缘检测（1500V） | 耐压检测（8000V） | 湿漏电流检测（1500V） | 备 注 |
编号	P_{mp}/W	FF/（%）	功率变化/（%）	电压/V	绝缘阻抗/MΩ	是否漏电流	检测电阻/MΩ	
1#	385.242	78.77	−0.28	0.044	>9990	否	7330	序列 A
5#	383.365	78.47	−1.58	0.055	>9990	否	3210	
1+#	386.004	78.04	−0.03	0.036	>9990	否	3040	
2#	356.631	73.65	−8.12	0.060	>9990	否	3510	序列 B
9#	356.631	73.65	−8.84	0.038	>9990	否	3002	
2+#	357.310	73.49	−8.79	0.048	>9990	否	3850	

利用 EL 图像分析序列 B 的 2#、9#、2+#这 3 块光伏组件，容易发现，光伏组件均产生严重隐裂，如图 5.10 所示。

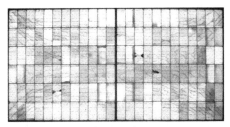

（a）2#大量的隐裂和碎片，表明电池片损伤严重

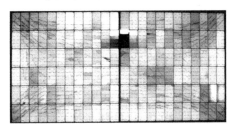

（b）9#大量的隐裂和碎片，表明电池片损伤严重

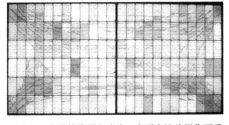

（c）2+#大量的隐裂和碎片，表明电池片损伤严重

图 5.10　序列 B 光伏组件最终性能检测后的 EL 图像

对于单玻带边框光伏组件，光伏组件采用加装纸质护角的包装，光伏组件固定效果好，在激烈振动与冲击的过程中不容易产生隐裂。但在序列 B 光伏组件的检测中，光伏组件的效率均出现明显下降，通过 EL 图像分析可知，在随机振动试验中仅产生微小隐裂的光伏组件，在动态机械载荷、TC 和 HF 试验后产生了较为严重的隐裂和碎片，这表明动态机械载荷、TC 和 HF 试验对单玻带边框光伏组件损伤较为严重，光伏组件厂家应该对此引起足够的重视。

2. 双玻 144 片半片无边框光伏组件模拟运输试验

光伏组件采用垂直顺序放置于固定泡沫底座上，MC4 头位于光伏组件中间，本案例的检测顺序与单玻带边框光伏组件相同，所以重点分析检测结果。经检测，光伏组件最大功率在检测完成后没有明显降低，对应的 EL 图像分析表明，光伏组件也没有产生明显的隐裂，由于包装设计合理，没有产生光伏组件碎裂等严重后果。

在本案例中，同样抽取一整箱光伏组件中的 10 块光伏组件和 3 块附加光伏组件进行初始性能检测、中间性能检测和最终性能检测，检测结果见表 5.6～表 5.8。同时，根据光伏组件中间性能检测结果选取两块最大功率衰减小的光伏组件（3# 和4#）、两块最大功率衰减大的光伏组件（7# 和 9#）和附加光伏组件（2+#和3+#），分别进行序列 A 和序列 B 试验，分组如下：

- 序列 A：3#、7#、2+#；
- 序列 B：4#、9#、3+#。

表 5.6 双玻 144 片半片无边框光伏组件初始性能检测结果

最大功率检测（温度 25℃；辐照度 1000W/m²）			接地连续性检测	绝缘检测（1500V）	耐压检测（8000V）	湿漏电流检测（1500V）
编号	P_{mp}/W	FF/（%）	无边框不测	绝缘阻抗/MΩ	是否漏电流	检测电阻/MΩ
1+#	324.591	77.79	无	>9990	否	1590
2+#	322.654	78.04	无	>9990	否	1610
3+#	324.615	78.08	无	>9990	否	1678
1#	324.435	77.62	无	>9990	否	1974
2#	324.586	77.60	无	>9990	否	1979
3#	322.835	77.56	无	>9990	否	2008
4#	321.527	77.22	无	>9990	否	1472
5#	324.174	77.85	无	>9990	否	1731
6#	325.148	77.86	无	>9990	否	1926

续表

最大功率检测（温度 25℃；辐照度 1000W/m²）			接地连续性检测	绝缘检测（1500V）	耐压检测（8000V）	湿漏电流检测（1500V）
编号	P_{mp}/W	FF/（%）	无边框不测	绝缘阻抗/MΩ	是否漏电流	检测电阻/MΩ
7#	324.473	77.86	无	＞9990	否	1616
8#	324.216	77.85	无	＞9990	否	1779
9#	324.086	77.99	无	＞9990	否	1369
10#	325.204	78.13	无	＞9990	否	1322

表 5.7　双玻 144 片半片无边框光伏组件中间性能检测结果

最大功率检测（温度 25℃；辐照度 1000W/m²）				接地连续性检测	绝缘检测（1500V）	耐压检测（8000V）	湿漏电流检测（1500V）
编号	P_{mp}/W	FF/（%）	功率变化/（%）	无边框不测	绝缘阻抗/MΩ	是否漏电流	检测电阻/MΩ
1#	326.300	78.35	0.52	无	＞9990	否	1789
2#	325.282	77.83	0.26	无	＞9990	否	1400
3#	326.666	78.26	0.64	无	＞9990	否	1913
4#	325.264	77.72	0.75	无	＞9990	否	1760
5#	322.320	77.51	0.25	无	＞9990	否	1810
6#	325.566	78.44	0.43	无	＞9990	否	1712
7#	324.777	77.70	−0.11	无	＞9990	否	1873
8#	324.559	78.00	0.03	无	＞9990	否	1501
9#	323.821	77.77	−0.12	无	＞9990	否	1928
10#	324.933	78.10	0.26	无	＞9990	否	1814

表 5.8　双玻 144 片半片无边框光伏组件最终性能检测结果

最大功率检测（温度 25℃；辐照度 1000W/m²）			接地连续性检测	绝缘检测（1500V）	耐压检测（8000V）	湿漏电流检测（1500V）	备注
编号	P_{mp}/W	FF/（%）	功率变化/（%）	无边框不测	绝缘阻抗/MΩ	是否漏电流	检测电阻/MΩ	
3#	322.558	77.98	−0.62	无	＞9990	否	1386	序列 A
7#	320.745	77.39	−1.35	无	＞9990	否	1114	
2+#	318.318	77.72	−1.34	无	＞9990	否	1500	
4#	320.298	76.86	−0.79	无	＞9990	否	1338	序列 B
9#	319.370	77.35	−1.49	无	＞9990	否	1395	
3+#	319.594	77.45	−1.55	无	＞9990	否	1138	
1+#	324.474	77.80	−0.04	无	＞9990	否	1278	参考件

对检测的 13 块光伏组件进行 EL 图像分析，结果表明，检测的光伏组件在试验前后未产生隐裂，该双玻光伏组件在模拟运输试验及后续机械载荷试验和环

境应力试验中能够保持性能稳定，这一结果不仅表明光伏组件箱结构和包装方式设计合理，而且说明双玻结构固有的韧性和强度也很好地保护了其内部的电池片。

5.4 光伏组件箱模拟运输检测注意事项

5.4.1 普通单玻带边框光伏组件的包装注意事项

（1）普通单玻带边框光伏组件需要加装纸质护角，虽然装配过程更为烦琐费力，但是可以直接为运输过程中的光伏组件提供缓冲与分隔，可以对模拟运输过程中产生的应力提供防护，避免边框间互相摩擦产生擦伤，甚至可以避免光伏组件表面玻璃相互摩擦。采取间隔护角包装和全护角包装的包装方案都可以有效避免光伏组件间的相互摩擦。

（2）要对装箱前的接线盒的盒盖进行检验，避免盒盖在运输过程中掉落进而对光伏组件表面造成剐蹭与碰撞导致光伏组件结构受损。

（3）加强光伏组件包装的捆扎力度，使光伏组件之间互相紧密依靠和支撑。利用刚性打包带将光伏组件和托盘打包为一个整体以减少晃动，为光伏组件提供足够的支撑。选用合适的托盘和纸质外箱，为光伏组件提供足够的缓冲与保护，防止在运输与装卸过程中遭受碰撞引起损伤。在将光伏组件打包装箱之前也应该检查各部件是否完好，防止在运输途中因质量问题发生意外。

5.4.2 双玻无边框光伏组件的包装注意事项

（1）与单玻带边框光伏组件不同，由于双玻无边框光伏组件接线盒的凸起无法密排组成一个能传递应力的整体，而其非规则平面结构让它只能使用特殊聚合物材料制作的内部结构件进行定位分隔。聚合物结构件在保证光伏组件箱整体刚度的同时，它与光伏组件的接触面柔软有弹性而不损坏光伏组件。但是延展性的缺乏导致聚合物结构件在安装过程中十分容易断裂，断裂后的结构件不能保证光伏组件间隔的均匀性，尤其是底部托盘更容易因重量的偏移而遭受损坏。

（2）避免将接线盒与接线头集中置于光伏组件顶部，结构件的安放位置集中在光伏组件的一侧无法更好地为光伏组件提供力学定位与缓冲，因此建议将接线盒的位置向中间转移，让结构件安装在光伏组件箱的上下部位，为光伏组件提供更好的固定。同时设计有一定刚性的一体化固定件，保证光伏组件间的晃动不会对其造成损坏。

（3）因为双玻无边框光伏组件相比普通单玻带边框光伏组件更重，故双玻无边框光伏组件的托盘应该具有更好的承载能力，为光伏组件箱内的双玻无边框光伏组件提供足够的保护与支撑。同时木制护框能够有效地提高光伏组件箱整体的刚性，保证光伏组件箱不产生大的形变而损坏内部光伏组件。

本章以光伏组件箱为研究对象，通过对不同光伏组件箱进行模拟运输试验，对其结构性能与设计质量进行研究。本章首先简单分析了模拟运输中各环节所对应的实际道路与运输情况，并确定光伏组件箱模拟运输流程以及后续环境应力试验的方案。接下来，本章对不同光伏组件箱进行试验，对试验不合格的光伏组件箱结构与设计进行分析，提出改进方案。

参 考 文 献

[1]　IEC 62759-1 Edition 1.0 2015-06.

[2]　IEC 60068-2-27:2008, Environmental testing – Part 2-27: Tests – Test Ea and guidance:Shock.

[3]　IEC 60068-2-64, Environmental testing – Part 2-64: Tests – Test Fh: Vibration, broadbandrandom and guidance.

[4]　IEC 61215:2005, Crystalline silicon terrestrial photovoltaic (PV) modules – Designqualification and type approval.

[5]　IEC 61646:2008, Thin-film terrestrial photovoltaic (PV) modules – Design qualification andtype approval.

[6]　IEC 61730-2:2004, Photovoltaic (PV) module safety qualification – Part 2: Requirements for testing.

[7]　IEC TS 61836, Solar photovoltaic energy systems – Terms, definitions and symbols.

[8]　IEC 62108:2007, Concentrator photovoltaic (CPV) modules and assemblies – Design qualification and type approval.

[9]　IEC 62782, Dynamic mechanical load testing for photovoltaic (PV) modules (to be published).

[10]　ISO 13355, Packaging – Complete, filled transport packages and unit loads – Vertical random vibration test.

第 6 章 太阳光入射角对光伏组件光电特性的影响

光伏组件的功率检测与标定通常采用的是标准测试条件 STC（25℃，AM1.5，辐照度为 1000 W/m²），这种检测的结果是在太阳光垂直入射光伏组件平面的条件下得到的，而光伏电站中的光伏组件在一天当中接收的太阳光的照射角度是实时变化的，因此为了得到对光伏组件更全面的测评结果，本章依据 IEC61853-2:2016 标准介绍太阳光入射角对太阳能电池输出特性的影响。

本章根据 IEC61853-2:2016 标准中的检测程序选取了 5 种光伏组件，分别为 4 栅线、5 栅线、12 栅线、半片和光伏幕墙（薄膜）组件，并依次对试验光伏组件进行了预处理、外观检查、最大功率检测、入射角试验、外观检查、最大功率检测，最后对试验数据进行了系统分析。

通过对入射角试验结果分析处理发现，试验光伏组件的最大功率、短路电流、开路电压都呈现出很好的函数曲线特性，试验结果与理论相符得较好。随着太阳光入射角的变化，12 栅线光伏组件比 4 栅线光伏组件的最大输出功率要低；光伏幕墙（薄膜）组件比其他试验光伏组件的最大输出功率衰减大，并没有表现出优异的弱光性能；5 种试验光伏组件的相对透光率在正负角度有较好的对称性，并且在小角度范围衰减较小，有部分光伏组件还有上升趋势，在大角度范围，光伏组件的相对透光率和衰减幅度都较大。

6.1 太阳光入射角对太阳能电池光电特性影响的研究

6.1.1 研究背景

人类对于传统化石能源的大规模开发与利用，造成了传统化石能源日渐枯竭，全球能源危机加剧，加之日益突出的环境问题，人类面临的环境治理形势十分严峻。鉴于此,世界各国都将目光转向了取之不尽、用之不竭、清洁环保的可再生能源,期望改变现今不合理的能源结构,实现低碳、科学合理、可持续发展目标。可再生能源[1,2],如太阳能、风能、潮汐能、地热能、生物质能、水能和氢能等,是可以循环利用、不断再生的,它们分布广泛,资源丰富。其中,利用太阳能转换成电能的光伏发电技术是目前最为有效且前景非常广阔的新能源开发技术。光伏发电技术[3]是利用半导体受光激发产生的光生伏特而将光能直接转变为电能的一种技术,只要有太阳光,光伏组件就能高效发电,这个过程不产生任何污染,并且光伏组件结构相对简单,可以很好地与周围环境或者建筑物融合,因此得到越来越广泛的研究和利用开发。

作为最成熟的新能源技术,各国都在争夺光伏这个大市场[4]。在全球产能迅速扩张的同时,电池片和光伏组件技术的发展如火如荼。目前比较成熟的技术有 PERC 电池技术、N 型双面电池光伏组件技术、黑硅技术、半片电池技术和全黑光伏组件技术等。PERC 电池技术已成为产业的技术共识,如隆基、晶科等企业的 PERC 光伏产品已走向市场。半片电池技术由于其优异的性能开始受到广泛关注,通过激光将原来标准规格的电池片切割成尺寸相同的两个半片电池片,每根主栅线的电流可以变为原来的一半,半片电池输出时的电流损失是常规电池的 1/4,相关试验[5]表明,半片电池比整片电池具有更加优异的机械性能,并且能有效降低光伏组件热斑和光伏组件遮挡问题,目前比亚迪、晶科、阿特斯已经开始布局半片电池市场。全黑光伏组件技术[6],顾名思义,其外观材料表面均为黑色,全黑光伏组件兼具高功率与美观的特点,与建筑能够很好地融合,越来越受到企业的青睐,目前隆基、晶科、阿特斯已推出全黑光伏组件产品。

光伏组件的功率检测与标定采用的是标准测试条件 STC(25℃,辐照 1000 W/m²,AM1.5),在 STC 下,太阳光模拟器发出的光垂直入射到光伏组件表面上。然而,在常规非实时三维跟踪光伏电站中,辐照到光伏组件表面的太阳光是实时变化的,清晨与傍晚等斜入射时段的光伏组件发电量也是十分可观的,这两个时段发电量约占光伏组件发电总量的 20%。图 6.1 为太阳能光伏电站一天的发电情况,在大部分时间段内,太阳光并不是垂直入射光伏组件平面的,其太阳光入射角度在 0°~90°之间,因此对于太阳光非垂直入射光伏组件平面的检测评定是十分必要的。

提升光伏组件效率主要是围绕着提高光电转换效率和减少光伏组件表面及内部光损耗这两个方面来开展的。光伏组件一般从上至下分别由光伏钢化玻璃、

EVA、太阳能电池、EVA、背板构成，也有以背面玻璃代替背板作为支撑的双玻光伏组件[7]。太阳光在光伏组件表面和内部的每一个界面都存在反射、透射和吸收，其比例主要取决于每种材料的折射率和入射光的角度。当各种材料确定以后，入射光角度和光伏组件加工工艺成为影响光伏组件对入射光吸收效率的关键性因素，由此，通过研究光伏组件对不同角度入射光的吸收效率，能够更全面地反映光伏组件将太阳光转化为电能的真实能力。

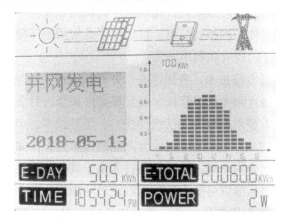

图 6.1　太阳能光伏电站一天的发电情况

光伏电站最重要的莫过于所安装的光伏组件的真实发电性能，而不是 STC 所标称的功率。因此，随着光伏组件在一天之中随着太阳光入射角度的不同，对于与之相对应的功率输出的研究就显得十分重要与迫切。由国际电工委员会发布的国际标准 IEC61853-2:2016 提供了通用的入射角检测方法，为各检测机构和企业研究光伏组件不同太阳光入射角提供了一个统一标准。本章通过对该国际标准系统解读，结合先进的检测平台和丰富的检测经验，为 IEC61853 标准的试验提供参考方法，并对预测光伏组件实际发电能力提供科学依据。

6.1.2　研究现状

本章的研究内容主要围绕着 IEC61853-2:2016 标准来开展[8]，该标准的检测内容包括检测不同入射角性能，由辐照度、环境温度和风速综合影响的光伏组件温度（标称工作温度）及光谱响应，共 3 个部分。其中不同入射角试验的目的是研究在太阳光以不同角度入射时，光伏组件将入射光转换成电能的能力。IEC61853-2:2016 标准为入射角试验提供了室内与户外两种方案。

自 2006 年以来，欧盟联合各认证检测单位对 IEC61853 标准展开研究[9]，由 TÜV、ISE、ZSW、UNN 等单位分别负责相关研究项目，最后经过项目整合，形成 IEC61853 标准雏形。目前大多数检测机构仅具有室内检测能力，且只能对单片太阳能电池片进行检测。

北京交通大学也对 IEC61853 标准开展了较为详尽的研究[9]。他们搭建了 IEC61853 标准的检测系统，对标准中提到的光谱响应和入射角进行了研究，分别采用瞬态和稳态太阳光模拟器在不同辐照、不同温度条件下对光伏组件进行了检测分析。在室内检测中，试验团队对太阳能电池进行了入射角试验，试验表明太阳能电池的短路电流在 0°～15° 时没有明显衰减，在 15°～70° 时有明显衰减；在户外检测中，试验团队搭建了方位角-仰角双轴跟踪系统，对 5 种光伏组件进行了试验，由于其双轴跟踪系统中的安装支架为敞开式安装支架，在试验过程中不能保证散射辐照度分量不大于总辐照度的 15%，因未配备温控系统，也无法保证光伏组件温度恒定在 25℃左右。试验团队对研究户外条件下不同太阳光入射角度对光伏组件性能的影响进行了有益的尝试，但由于检测条件的限制，未能给出户外入射角试验的结果。

6.1.3　研究内容与意义

1. 研究内容

光伏组件在一天的发电过程中，其发电量会随着时间（太阳光入射角度）的变化而变化。太阳光入射角对光伏组件的输出特性有很大影响，它决定了投射到光伏组件的光通量以及由于入射角和光程变化导致的入射光损失。户外新能源方阵测试仪能精准测量光伏组件接收到太阳光的入射角，实现对太阳光入射角的即时跟踪。户外新能源方阵测试仪能够控制光伏组件的温度，保证光伏组件处在标准检测温度下；测试仪腔体四周为黑体结构，可以保证散射辐照量不超过要求；测试仪内安装有光辐照计，保证检测的可靠、可比性。户外新能源方阵测试仪在温度控制、光入射角度测量、散射光消除和基准光强检测等方面都已达到精准测量的级别，满足研究光入射角对光伏组件转换效率的影响对设备的要求。

本章根据 IEC61853-2 标准展开试验，主要研究内容包括以下几个方面。

（1）根据 IEC61853-2 标准的试验程序和要求，设计试验方法和步骤，在入射角试验前对试验光伏组件进行预处理、外观检查、最大功率点确定，在入射角试验之后进行外观检查和最大功率点确定。

（2）在入射角试验中本章选择了多种现今主流的光伏组件类型：4 栅线、5 栅线、12 栅线光伏组件，半片光伏组件，光伏幕墙（薄膜）组件，并对这些类型的光伏组件进行了详细的试验研究，并分析其内在机理。

2. 研究意义

（1）本章提供光伏组件在不同辐照度下的主要特性参数，进行光伏组件性能评定，通过对 IEC61853-2 标准中的入射角试验的深刻理解，首次对光伏组件在不同光入射角下的发电能力进行全面的测评，弥补了国内光伏检测的空白。

（2）本章提供科学的检测方法，避免不确定因素以及环境变量对试验结果的影响，检测结果可以表征光伏组件对以不同角度入射的太阳光的吸收能力。

6.2 试验方法

6.2.1 检测设备与光伏组件

本章采用的检测设备主要包括 Pasan 瞬态太阳光模拟器、稳态光老练环境箱、照度计、电子负载和太阳能光伏阵列 $I-V$ 特性测试仪等设备，见表 6.1。

表 6.1 检测设备

名　　称	型　　号	备　注
稳态光老练环境箱	C-1001	设备在计量校验有效期内
电子负载	BR-PV-RCO	设备在计量校验有效期内
辐照计	SOLAR LIGHT	设备在计量校验有效期内
外观检查台	BR-PV-VIT	设备在计量校验有效期内
照度计	SOLAR LIGHT	设备在计量校验有效期内
Pasan 瞬态太阳光模拟器	IIIB	设备在计量校验有效期内
标准电池	HT304N	设备在计量校验有效期内
红外测温仪	FLUKE	设备在计量校验有效期内
新能源方阵测试仪	TRM-FD1-2	设备在计量校验有效期内
太阳能光伏阵列 $I-V$ 特性测试仪	IV400	设备在计量校验有效期内

本章选取当前市场有代表性的光伏组件作为试验样品，有 60 片、72 片、144 半片晶体硅光伏组件和光伏幕墙（薄膜）组件，主栅线有 4 栅线、5 栅线、12 栅线和内集联等几种方式。常见的光伏组件见表 6.2。

表 6.2 进行检测的光伏组件类型

序　号	光伏组件类型	照　片
A	4 栅线（晶体硅 60 片）	
B	5 栅线（晶体硅 72 片）	
C	12 栅线半片（晶体硅 144 半片）	
D	5 栅线半片（晶体硅 144 半片）	
E	光伏幕墙（薄膜）组件	

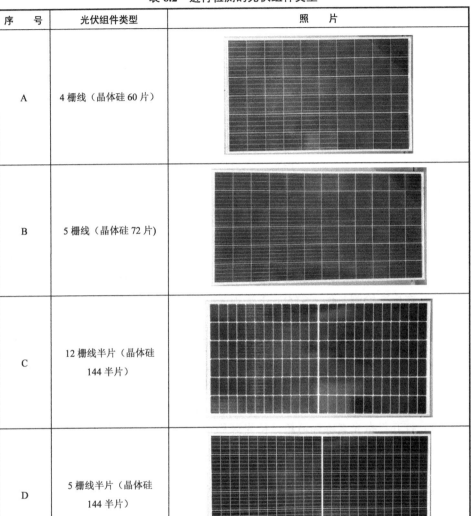

6.2.2 光伏组件性能检测

依据 IEC61853-2:2016 标准，可以按照图 6.3 中的流程来开展入射角试验研究。

图 6.3 入射角试验流程

1. 预处理

光伏组件在进行试验前都需要达到电学性能参数稳定，因此光伏组件都应该暴露在一个已定义的暴晒过程中，在暴露试验之后直接测量输出功率。该暴露试验过程和输出功率测量应重复进行，直到该光伏组件的功率达到一个稳定的输出水平，才可以进行下一步的环境试验。预处理的主要步骤如下：

（1）在标准检测条件（STC）下测得光伏组件的 I-V 特性曲线，得到各样品的电学性能参数，确定最大功率点电流。

（2）将光伏组件水平放置在稳态光老练环境箱的支架上，使其受光源垂直照射，将辐照计安装在与光伏组件同一水平面的位置，注意不要遮挡光源照射光伏组件，将光伏组件的正负极与电子负载的终端相连接，并根据光伏组件的最大功率点电流调整电子负载的输出电阻，使光伏组件在最大功率点附近工作。

（3）打开稳态光老练环境箱，待光源稳定 30s 后，测量光伏组件输出电流并进一步调整电子负载使光伏组件在最大功率点工作。照度计累计并记录辐照量，直到达到辐照量预设值。

（4）当光伏组件在稳态光老练环境箱中达到预设辐照量时，关闭设备光源，取出光伏组件，重复步骤（1）～（3），直到光伏组件的最大功率达到稳定时，才可进行下一步试验。

2. 外观检查

外观检查是检查并记录光伏组件在试验过程中产生的任何外观变化及缺陷，这些缺陷可能会造成光伏组件在运行过程的可靠性或者功率降低，使用的设备主要包括外观检查台、照度计。外观检查的主要步骤如下：

（1）打开外观检查台上的日光灯开关，检查所有灯管是否都正常。

（2）打开照度计，将照度探头放置在外观检查台的桌面上，检查照度值是否

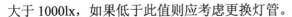

大于 1000lx，如果低于此值则应考虑更换灯管。

（3）将光伏组件正面朝上，放置在外观检查台的中间，依据 IEC61853-2:2016 标准要求仔细检查是否存在缺陷，再将光伏组件背面朝上放置，检查背面是否存在缺陷。需要检查的缺陷包括：

- 有裂纹的太阳能电池；
- 破碎的太阳能电池；
- 光伏组件各层黏合连接失效；
- 互联线或接头有缺陷；
- 在塑料材料表面有黏污物；
- 引出端失效，带电部件外露；
- 输出连接、互连线及主汇流线有肉眼可见的腐蚀；
- 开裂、弯曲、不规整或损伤的外表面；
- 太阳能电池互相接触或与边框接触；
- 可能影响光伏组件性能的其他任何情况；
- 在光伏组件的边框和电池之间形成连续通道的气泡或脱层；
- 光伏组件有效工作区域的任何薄膜层有空隙和肉眼可见的腐蚀；
- 丧失机械完整性，导致光伏组件的安装和（或）工作受到影响；
- 有明显的熔化、烧焦的密封塑料、背面薄层、二极管或其他相关光伏结构；
- 弯曲或不规则的外表（包括上下基层、边框和接线盒），造成光伏组件安全性能削弱。

（4）记录检查结果，并拍照保存。

（5）检测结束后将被测光伏组件放置在指定区域，关闭所有设备电源。

3. 最大功率点确定

最大功率点确定的目的是确定光伏组件在预处理试验以及各种环境试验前后在 STC 下的 I-V 特性，并且得到待测光伏组件的 P_{max}、I_m、I_{sc}、V_m 和 V_{oc} 等参数值（即光伏组件在零度角时的电学性能参数），其目的也是为了能够确定在各入射角下的电学性能参数及其变化，检测结果的重复性是试验的重要参数。确定最大功率点的主要步骤如下：

（1）打开实验室内空调，使室内温度恒定在 25℃，把待测光伏组件放置于实验室中的支架上至少 2 h，使其恒温。

（2）打开 Pasan 瞬态太阳光模拟器的电源，包括电源柜、电子负载和电脑的开关。打开检测程序，在"Parameter"一栏中设置待测光伏组件的参数。

（3）在开始检测前使用标准光伏组件对模拟器进行标定，功率检测值与标定值偏差在 0.5%以内的可认为设备状态良好。

（4）将温度稳定在 25℃的光伏组件通过调整安装支架固定在检测平面上，并将光伏组件正负极与检测试设备的负载采样端正确连接，最后再使用红外测温仪确认光伏组件温度处于（25±1）℃的范围内。固定光伏组件时应保证光伏组件固定在支架上标记的有效范围内，光伏组件正面与标准光伏组件处于同一平面上，接线时应保证连接处接触良好，尽量减小其接触电阻，确认光伏组件温度时应在光伏组件边缘和中心位置选取多点测量，以保证温度均匀。

（5）关掉室内其他光源，单击检测按键进行 I–V 特性检测，观察检测结果是否有异常。检测完成后保存输出数据，重复进行 3 次检测，3 次检测的平均值为光伏组件的电学性能检测结果，5 块光伏组件样品的初始电学性能参数检测结果见表 6.3。

（6）将检测完的光伏组件取下，关闭设备电源，读出检测数据。

表 6.3　5 块光伏组件样品的初始电学性能参数检测结果

组 件 编 号	P_{max}/W	I_m/A	I_{sc}/A	V_m/V	V_{oc}/V
A	236.299	7.864	9.061	30.049	37.893
B	324.116	8.67	9.127	37.384	45.731
C	332.074	8.781	9.257	37.817	45.48
D	334.25	8.786	9.231	38.042	45.688
E	142.326	1.621	1.77	87.808	109.218

4．入射角试验

入射角试验的目的是确定光伏组件在不同角度入射光条件下的转换效率。入射光的角度不仅影响了光伏组件表面的光通量，还会影响进入光伏组件内被吸收的光能量和被光伏组件表面直接反射的光能量的比例，光伏组件外部反射（玻璃表面）及内部反射（各界面）皆与入射光角度有密切的关系。因此，光伏组件将不同入射角度的光转化成电能的效率会因光伏组件设计的不同而存在差异。

根据 IEC61853-2:2016 标准，入射角试验可采用室内与户外两种试验方案，考虑到室内太阳模拟光源的照射均匀度在整块光伏组件上无法达到 B 级，而户外太阳光对于光伏组件整个表面的辐照都是均匀的，空间辐照均匀度可以达到标准要求的 B 级以上，故本章我们首次采用了户外检测方法进行光伏组件入射角试验。试验设备：新能源方阵测试仪、IV-400 测试仪、标准电池。

1）试验准备与设备调试

在天气晴朗的中午（一般是 11:00-13:00 之间），太阳光垂直辐照度大于 900 W/m^2，天空晴朗无云、光谱分布波动较小、辐照度波动小。光伏组件入射角试验的准备与设备调试步骤如下。

（1）保证待测光伏组件表面清洁干净，无灰尘、水渍等。

（2）将待测光伏组件安装在入射角试验支架上，并连接必要的试验设备与温度传感器。

（3）验证安装在不同太阳跟踪器上的标准光伏组件，照度计垂直指向太阳。

（4）光伏组件检测系统配置了温度控制器，设置预设温度 25℃，确认待测光伏组件温度能够达到稳定状态，光伏组件遮挡门能够快速打开，I-V 检测系统能够迅速采集光伏组件的光电特性。

（5）待测光伏组件能接收的光照角度很大，达到±80°，因此在光伏组件检测的视角内应避免来自周围物体的反射和遮挡。待测光伏组件周围的地面应保持平整，无异常和较高的反射率。

2）不同太阳光入射角试验

（1）安装光伏组件，打开新能源方阵测试仪的光伏组件安装门，按动光伏组件安装伸缩支架，取出伸缩支架。安装光伏组件到光伏组件伸缩架上，同时将光伏组件伸缩架推到新能源方阵测试仪舱内。在标准电池支架上安装标准电池。

（2）调整测试仪方位角，打开新能源方阵测试仪开关，单击监控画面，将光伏组件吸附到光伏组件安装支架上，单击监控画面中的电机按钮，使新能源方阵测试仪自动追踪太阳光入射角。

（3）采集 I-V 数据，将 IV-400 的温度探头粘贴到光伏组件的背板中心位置。将光伏组件的正负极输出插头、标准电池的输出线连接到 IV-400 上。按下电池板偏转按钮，设置光伏组件偏转角度为-80°～80°。在-80°～-60° 和 60°～80° 范围内按 5°一个挡位设定，在-60°～60° 内按 10° 一个挡位设定，在新能源方阵测试仪的监控画面中单击设定值，将温度设定到 25℃，单击运行，启动温度调节功能。当光伏组件的温度稳定到（25±0.5）℃时，单击监控画面中的开门按钮，打开新能源方阵测试仪太阳光阀门，立即单击 IV-400 的开始按钮，检测光伏组件的 I-V 特性。

（4）在 I-V 特性检测结束后，立即关闭太阳光阀门，保存检测数据，每个太阳光入射角测定 3 次功率。在全部入射角试验结束后，取出光伏组件，关闭新能源方阵测试仪的太阳光阀门和电源。

5. 外观检查

为防止试验过程中有可能造成的损伤导致试验结果有误差，在入射角试验结束后同样对光伏组件进行外观检查，以保持试验的一致性和可靠性，其方法与前面的外观检查一致。

6. 最大功率点确定

同样地，为保证光伏组件输出结果的稳定性，在入射角试验结束后重新绘制光伏组件的 I–V 特性曲线，其方法与前面的最大功率点确定一致。

6.3 试验结果与分析

6.3.1 太阳光入射角对光伏组件光电特性的影响

1. 对光伏组件最大输出功率的影响

图 6.3 是 5 种试验光伏组件在不同太阳光入射角下的最大输出功率变化曲线，每一种光伏组件的最大输出功率都随着太阳光入射角的增大而减小。在太阳光入射角为 $-20°$～$+20°$ 范围内，曲线变化较为平缓，光伏组件最大输出功率降低较小；在太阳光入射角为 $-20°$～$-60°$ 和 $+20°$～$+60°$ 范围内，光伏组件最大输出功率降低的幅度增加；在大角度 $-60°$～$-80°$ 和 $+60°$～$+80°$ 范围内，光伏组件最大输出功率降低较小。从曲线图的整体来看，曲线近似呈余弦函数分布。

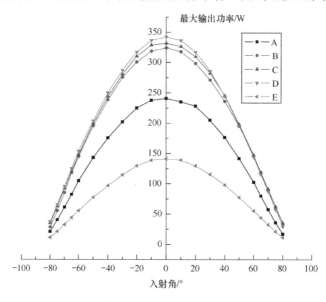

图 6.3 最大输出功率随太阳光入射角的变化曲线

在试验过程中，由于放置光伏组件的新能源方阵测试仪腔体内部已经全部被黑色材料涂黑，这样可以将大气中非平行入射的杂散光剔除，可认为试验过程中只有平行且垂直的入射光照射。随着光伏组件相对太阳光转动，虽然光伏组件接收的光通量是变化的，但在试验过程中各个角度的辐照强度都以 0°入射角的辐照强度为基准，当太阳光以某一角度 θ 入射时，光伏组件接收的有效光辐照量接近于余弦分布，如式（6.1）所示。而由试验可知[10]，光伏组件最大功率与辐照度呈线性变化，如式（6.2）所示，当光伏组件接收的有效光辐照量呈余弦变化时，光伏组件最大输出功率也相应地呈现余弦变化趋势。

$$G_{\mathrm{s}} = G_{\mathrm{d}} \cos \theta \tag{6.1}$$

$$P_{\max} = k G_{\mathrm{s}} \tag{6.2}$$

2. 对光伏组件短路电流的影响

图 6.4 是 5 种试验光伏组件在不同太阳光入射角下的短路电流变化曲线，从图中可以发现，短路电流（I_{sc}）-入射角变化曲线与最大输出功率-入射角变化曲线的变化态势十分相似。与最大输出功率-入射角曲线类似，各太阳光入射角度的光强都以 0°入射角的辐照强度为基准，由于光伏组件的 I_{sc} 与光强变化呈线性关系，如式（6.3）所示[10,11]，当太阳光以某一角度 θ 入射时，光伏组件接收的有效辐照量呈余弦变化，如式（6.4）所示，因此，在试验角度-80°～+80°范围内，短路电流（I_{sc}）-入射角变化曲线也呈余弦函数分布。

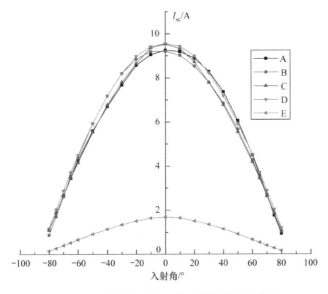

图 6.4 短路电流随太阳光入射角的变化曲线

$$I_{sc} = kG_s \qquad\qquad (6.3)$$

$$G_s = G_d \cos\theta \qquad\qquad (6.4)$$

试验中，光伏组件 A、B 的曲线异常，−10° 入射角和+10° 入射角下的 I_{sc} 相差较大，它们的曲线相对 Y 轴不是特别对称，造成这种异常的原因可能是在旋转正负角度时光伏组件吸收光存在很小的差异，光伏组件结构不完全对称。

3. 对光伏组件开路电压的影响

图 6.5 为 5 种试验光伏组件在不同太阳光入射角下的开路电压变化曲线。光伏组件 A 和 B 分别是 60 片和 70 片晶体硅电池光伏组件，光伏组件 C 和 D 分别为 12 栅线和 5 栅线 144 半片晶体硅电池光伏组件，光伏组件 E 为铜铟镓硒薄膜组件。5 种光伏组件的曲线趋势基本保持一致：在−50°～+50° 范围内，光伏组件的开路电压基本没有太大的下降趋势，在−50°～−80° 和+50°～+80° 范围内，光伏组件的开路电压下降幅度较大。

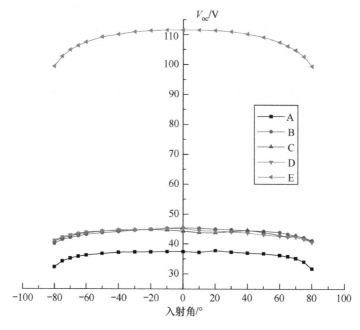

图 6.5　开路电压随太阳光入射角的变化曲线

图 6.6 为 ln[cos$x$]的函数曲线。由图可知，ln[cos$x$]与短路电流的变化趋势非常吻合，这表明短路电流的变化主要是由太阳光入射角的变化造成的。

由半导体理论和试验数据可知[10,11]，光伏组件的开路电压与辐照度是呈对数变化的，如式（6.6）所示，当太阳光以某一角度 θ 入射时，光伏组件接收的有效辐照量是呈余弦变化的，如式（6.5）所示。所以当太阳光入射角在-80°～+80°范围内变化时，光伏组件的开路电压（V_{oc}）-入射角变化关系见式（6.7）。

$$G_s = G_d \cos\theta \tag{6.5}$$

$$V_{oc} = k \ln G_s \tag{6.6}$$

$$V_{oc} = k \ln[G_d \cos\theta] \tag{6.7}$$

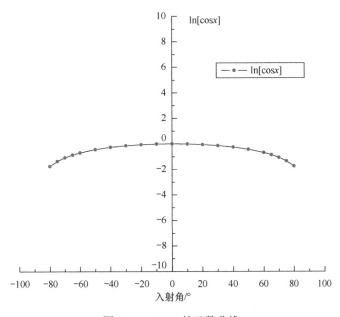

图 6.6　ln[cos$x$]的函数曲线

6.3.2　太阳光入射角对不同栅线光伏组件光电转换效率的影响

图 6.7 为光伏组件 C、D 的最大输出功率-入射角曲线，光伏组件 C 为 12 栅线半片电池光伏组件，光伏组件 D 为 5 栅线半片电池光伏组件，光伏组件 C 和光伏组件 D 是同一厂家生产的同型号光伏组件。在 STC 下的检测结果表明，5 栅线光伏组件 D 的最大输出功率为 334.25 W，在同样检测条件下，12 栅线光伏组件 C 的最大输出功率略低，为 332.74 W，与户外的检测结果一致。当入射光处于-30°～+30°角度范围内时，光伏组件 D 的最大输出功率一直高于光伏组件 C。光伏组件 C 的 12 栅线保证了电池片主栅线的密排布，而主栅宽度大约为光伏组件 D 主栅宽度的 1/10。光伏组件 C 栅线分布增多使得电流在细栅线上传导的距

离缩短，降低了电池片的串联电阻[14]。当入射光角度较小时，辐照度较大，12栅线的光伏组件 C 并没有表现出更好的性能；随着太阳光入射角度的增加，在大角度范围内，有效光照强度较小，光伏组件 C 的最大输出功率与光伏组件 D 的差距逐渐缩小，甚至在 60°～80° 范围内超过了光伏组件 D。以上分析表明，多栅线光伏组件在太阳光大角度入射时具有更好的性能。

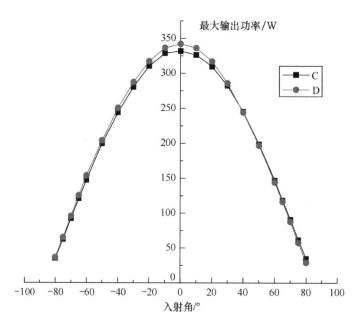

图 6.7　光伏组件 C 和光伏组件 D 最大输出功率随太阳光入射角的变化曲线

6.3.3　太阳光入射角对光伏幕墙（薄膜）组件光电特性的影响

图 6.8 为各试验光伏组件在不同太阳光入射角下的功率百分比（相对 0° 入射角）变化曲线，从图中可以得知，各试验光伏组件的功率百分比随太阳光入射角的衰减变化趋势是极其相似的，在−50°～+50° 范围内，光伏组件的功率仍有50%以上，虽然在大角度下光伏组件衰减较大，但是大角度入射光对光伏组件的发电贡献占比也将近 20%。光伏幕墙（薄膜）组件本应有良好的弱光性能[15]（即在低辐照情况下光伏幕墙（薄膜）组件的发电效率较高，衰减较小），但是从图 6.8 中可以发现，随着太阳光入射角的变化，光伏组件 E 的功率衰减比其他组件要高一些，在性能上没有比其他常规晶体硅光伏组件表现出优势。

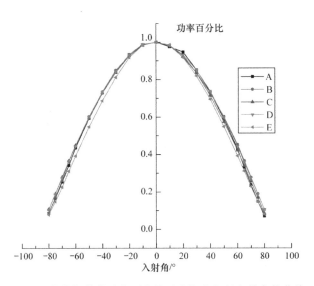

图 6.8　光伏组件的功率百分比随太阳光入射角的变化曲线

6.3.4　太阳光入射角对光伏组件相对透光率的影响

图 6.9 为光伏组件相对透光率 $\tau(\theta)$ 随太阳光入射角的变化曲线，其中光伏组件 A、B、C、D 的电池片为多晶硅片，光伏组件 E 的材料为铜铟镓硒薄膜，$\tau(\theta)$ 的定义见式（6.8）。

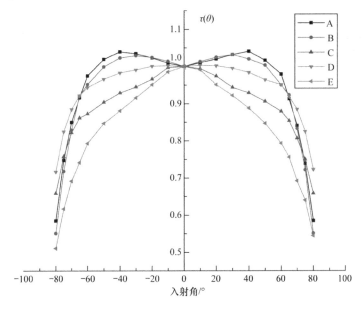

图 6.9　$\tau(\theta)$ 随太阳光入射角的变化曲线

$$\tau(\theta) = \frac{I_{sc}(\theta)}{I_{sc}(\theta)\cos\theta} \qquad (6.8)$$

式中，θ 为太阳光入射角；$I_{sc}(\theta)$ 为光伏组件在该入射角下的短路电流。

从图 6.9 中可以发现，各光伏组件的 $\tau(\theta)$ 相对 Y 轴总体对称，这表明各光伏组件在-80°～0°和 0°～+80°两个正负角度范围内接收的有效太阳光辐照度是一致的，也体现出光伏组件在结构上是对称的。各光伏组件的 $\tau(\theta)$ 值在-50°～+50°范围内变化较小，其中光伏组件 A、B 的 $\tau(\theta)$ 值还表现出从 0°到+40°和 0°到-40°的上升趋势，且在 40°和-40°左右达到最大。光伏组件 C、D、E 在-50°～+50°范围内下降幅度较小，在-50°～-80°和+50°～+80°范围内下降幅度较大。

从图 6.9 中可以发现，光伏组件 A、B、C 的 $\tau(\theta)$ 值在小角度范围内都大于或接近 100%，这表明在此范围内光伏组件实际接收的有效光吸收比理论值衰减得小；而在大角度范围内，有效光吸收比理论值衰减得大，并且其衰减速度更快。图 6.10 为入射光在绒面椭圆凹坑里垂直入射与斜入射的反射情况，由于多晶硅片的绒面结构使得光伏组件的吸收特性发生变化，在小角度范围内，当入射光斜入射时，硅片表面反射减少，其有效光吸收可能比理论值衰减得小，导致光伏组件的相对透光率大于 100%；而在大角度范围内，硅片的绒面及光伏组件玻璃表面抗反射作用的下降，使得光伏组件的 $\tau(\theta)$ 值下降幅度增大。光伏幕墙（薄膜）组件 E 由于没有绒面结构，$\tau(\theta)$ 值在小角度范围内没有上升趋势；12 栅线光伏组件 C 栅线数量最多，在小角度范围内衰减较快，是需要引起更多关注的一种新情况。

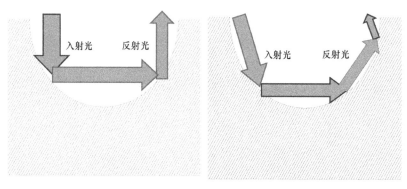

（a）垂直入射　　　　　　　　　　　（b）斜入射

图 6.10　太阳光垂直入射和斜入射于硅片的反射效果

6.4 总结

本章根据 IEC61853-2:2016 标准《光伏组件的性能测试和能效分级评定–第 2 部分：光谱响应、入射角和光伏组件工作温度的测量》分析了太阳光入射角对光伏组件输出特性的影响。通过对 5 种不同类型的试验光伏组件进行预处理、外观检查、最大功率点确定、入射角试验、外观检查、最大功率点确定的检测结果分析，可以得出结论，试验光伏组件的各种输出特性在正负角度下都具有对称性，随着太阳光入射角增大，光伏组件的最大输出功率（P_{max}）、短路电流（I_{sc}）和开路电压（V_{oc}）减小，光伏组件的最大输出功率随太阳光入射角的变化曲线呈余弦变化，短路电流随太阳光入射角的变化曲线也呈余弦变化，开路电压与太阳光入射角的变化曲线呈超越方程变化，这些变化趋势都符合试验与理论研究。对 5 栅线与 12 栅线光伏组件的入射角试验结果发现，半片晶体硅光伏组件的栅线增加对光伏组件的 STC 功率输出没有太大贡献，随着太阳光入射角增加，12 栅线光伏组件的最大输出功率比 5 栅线光伏组件的最大输出功率衰减得小，所以多栅线晶体硅半片组件大角度斜入射光吸收相对较好。对光伏幕墙（薄膜）组件的入射角试验结果发现，其大角度斜入射光最大输出功率与常规晶体硅光伏组件相似，没有表现出更好的性能。5 种试验光伏组件的相对透光率在正负角度有较好的对称性，并且在小角度范围内不仅降低较少，有部分晶体硅光伏组件还有上升趋势。这表明光伏组件表面陷光结构在小角度太阳光入射时表现出优异性能；在大角度范围内，光伏组件的相对透光率和衰减幅度都较大。

参 考 文 献

[1] 王长贵. 新能源和可再生能源的分类[J]. 太阳能, 2003(01): 14-15.

[2] 翟秀静, 刘奎仁, 韩庆. 新能源技术[M]. 北京：化学工业出版社, 2014：1-3.

[3] 刘恩科, 朱秉升, 罗晋生. 半导体物理学[M]. 北京：电子工业出版社, 2003：295-296.

[4] 速途研究院. 2017 年国内光伏产业数据研究报告[EB]. 2017. 北极星太阳能光伏网.

[5] 荣丹丹, 蒋京娜, 倪健雄, 姜磊. 半片电池技术在光伏组件中的应用[J]. 新能源进展, 2017,5(04):255-258.

[6] 尹海林, 董方, 吕绍杰, 陈军杰. 一种全黑高效光伏组件[P]. 浙江：CN107026213A, 2017-08-08.

[7]   庞倩桃. 双玻光伏组件[P]. 广东：CN106449823A, 2017-02-22.

[8]   IEC61853-2：Photovoltaic (PV) module performance testing and energy rating-Part 2: Spectral responsivity, incidence angle and module operating temperature measurements [S]. Edition 1.0 ,2016.09.

[9]   王欢. IEC61853 标准光伏组件测量方法研究[D]. 北京, 北京交通大学, 2015.

[10]   金井升, 舒碧芬, 沈辉, 李军勇, 陈美园. 单晶硅太阳能电池的温度和光强特性[J]. 材料研究与应用, 2008, 2(4): 500-501.

[11]   刘恩科, 朱秉升, 罗晋生. 半导体物理学[M]. 北京: 电子工业出版社, 2003：296-297.

[12]   刘胡炜, 孟赟, 曹寅. 光谱失配误差对光伏组件测试的影响研究[J]. 质量与标准化, 2014: 46-49.

[13]   S.R.Wenham, M.A.Green, M.E.Watt, R.Corkish.Applied Photovoltaics[M]. 狄大卫, 高兆利, 等译. 上海: 上海交通大学出版社, 2015: 12-17.

[14]   S.R.Wenham, M.A.Green, M.E.Watt, R.Corkish.Applied Photovoltaics[M]. 狄大卫, 高兆利, 等译. 上海: 上海交通大学出版社, 2015: 33-39.

[15]   罗派峰. 铜铟镓硒薄膜太阳能电池关键材料与原理型器件制备与研究[D]. 合肥: 中国科学技术大学, 2008.

第7章 双面光伏组件光电特性 检测技术

双面光伏组件由于其正反面可同时接收太阳辐照的特性，相比于传统单面光伏组件具有更高的输出功率，为了评估双面光伏组件的性能，国际电工委员会在2019 年颁布了标准 IEC 60904-1-2—2019：双面光伏器件 I–V 特性的测量（以下简称 60904 标准），本章不仅依据 60904 标准中规定的室内单面检测法对双面光伏组件的光电性能参数检测技术展开了研究，还利用室内双面打光 AAA 级模拟器检测法对双面光伏组件的光电特性进行了系统研究，并与单面等效正面辐照度法进行了对比。

60904 标准中所规定的单面检测法是采用正面等效辐照度的方法检测光伏组件的光电特性参数，通过检测得到光伏组件背面和正面 STC（25℃，AM1.5，辐照度为 1000 W/m^2）下的短路电流和最大功率等参数，光伏组件背面与正面的参数之比分别定义为双面短路电流系数和双面最大功率系数，定义二者之间的最小值为光伏组件的双面系数 φ，计算出对应的正面等效辐照度，在此辐照度下检测光伏组件的光电特性参数。此外，本章介绍了双面短路电流系数和双面最大功率系数的选取与背面、正面辐照度的对应关系，检测结果显示，在背面辐照度较高的情况下，选择双面最大功率系数换算的正面辐照度获得的功率与双面检测的功率较接近；但是在背面辐照度较低时，选取双面短路电流系数换算的正面辐照度获得的功率与双面检测的功率更接近。

本章为使用单面检测方法检测双面光伏组件提供了一种标定双面光伏组件标准版的检测方案。首先采用双面打光的方法检测出光伏组件的最大功率，然后调整正面辐照度水平，使用单面检测方法，直到检测出的最大功率与双面打光检测的结果相同，此辐照度即为对应双面打光下对应的正面等效辐照度 G_E。依次改变双面打光正面、背面的辐照度，确定对应的正面等效辐照度 G_E。

7.1 双面光伏组件检测技术概述

7.1.1 研究背景

光伏产业是半导体技术与新能源需求相结合产生的战略性新兴产业，也是当前国际能源竞争的重要领域。在光伏应用市场快速增长的带动下，全球光伏产业链的各环节生产规模呈逐步增长态势，光伏产业发展稳中向好。在全球产能迅速扩张的驱动下，加上传统晶体硅光伏组件的转换效率提升空间不大，研制更加高效的电池片工艺和高效光伏组件技术已成为发展的重心。现有的高效电池片工艺包括 PERC 电池（发射极钝化，背面接触）、PERL（发射极钝化，背面局部扩散）、PERT（发射极钝化，全背扩散）等。而在高效光伏组件技术方面的改进包括多主栅光伏组件技术，半片电池光伏组件技术，叠片技术和双面双玻光伏组件技术等。

与传统的单面光伏组件相比，双面光伏组件可以产生额外的输出能量，因为电池/光伏组件的正反两面都可以吸收太阳辐照，即光伏组件背面可以利用来自地面和周围的散射光发电。目前市场上的硅基双面光伏组件主要有 3 种：p 型 PERC 双面光伏组件、n 型 PERL/PERT 双面光伏组件、薄膜硅/晶体硅异质结（HJT）双面光伏组件。Wei liang Wu 等人的研究发现，通过激光掺杂选择性发射极和双面印刷铝栅可有效增加双面 PERC 太阳能电池的效率；目前，在实验室中研制的 p 型 PERC 双面电池的综合效率已经达到了 20.9%，双面 PERC 太阳能电池技术已成为主流产业技术，隆基、晶科等企业的双面 PERC 光伏组件产品已走向市场。而 n 型双面光伏组件相比 p 型双面光伏组件，其光致诱导衰减（LID）较低，这主要是因为 p 型光伏组件中硼–氧对的影响，而 n 型双面光伏组件对金属杂质污染不敏感，此外，n 型 Si 比 p 型 Si 有更高的载流子寿命，由于这些原因，光伏行业对 n 型硅片太阳能电池越来越感兴趣。HJT 是由晶体硅和非晶体硅组成的异质结光伏组件，2017 年，日本 KANEKA 公司在 79 cm^2 大小的异质结太阳能电池上的转换效率达到 26.7%，创造了异质结太阳能电池的最高效率记录。晶体硅异质结光伏组件由于较高的转换效率，与 p 型 PERC 双面光伏组件、n 型 PERL/PERT 双面光伏组件一起成为双面光伏组件的热门发展方向。

考虑到双面光伏组件的实际功率，需要表征双面光伏组件在 STC 条件下的标称功率，但由于双面光伏组件正面、背面都有输出功率这一特殊性，目前双面光伏组件的光电特性参数表征方法尚未有统一标准，行业内的买卖双方在双面光伏组件功率标定上经常存在分歧，双面光伏组件的背面发电能力还没有真正计入光伏组件总发电能力，这会对双面光伏组件生产企业造成损失；另一方面，双面光伏组件的标称功率直接影响终端电站的系统设计，对终端光伏电站用户的使用安全和最大化提升发电能力产生不利影响，因此如何准确标定双面光伏组件的功率便成了当下研究的难点和热点。

7.1.2　研究现状

此前国内外相关研究和检测机构提出了许多关于双面光伏组件在室内和户外环境下（自然阳光下）的检测方法，并形成相应的检测规程，大多采用的是室内单光源单面检测和双面系数的方法，而各机构的检测规程中所规定的双面系数计算方法并不相同，这也导致了双面光伏组件的检测标准迟迟不能达成统一。为了评估 STC 下双面光伏组件的性能，国际电工委员会（IEC）于 2019 年发布了标准技术规范《IEC 60904-1-2-2019：光伏器件 第 1-2 部分：双面光伏组件 I-V 特性测量》（下文简称 60904 标准）[1]。在 60904 标准中，双面光伏的 I-V 特性测量采用的是单面打光的室内检方法，但不包括与实际情况相近的前后打光(双面辐照)的室内检测方法。因此，对双面光伏组件电气性能的研究大多集中在单面打光法上。T. S. Liang 等人[2]关注了 60904 标准中描述的单光源模拟器在室内检测中的挑战。J. Lopez-Garcia[3]研究了在带有后发射面板的单面辐照下的 I-V 特性。然而，在这种方法中，背面辐照度被限制在 100 W/m² 以下，这不足以产生所需的辐照度水平。很多学者提出了在双面辐照下精确测量双面光伏组件性能的方法。Ohtsuka 等人[4]提出了使用镜子和多个参考传感器同时进行双面辐照的太阳模拟器。但由于采用单盏氙灯作为太阳模拟器，光强均匀度难以控制，且使用了一种独特的反射材料。Roest 等人[5]使用两个可控光源来检测双面光伏组件的性能。闪光模拟器提供的前侧照度的光强均匀度属于 A 级，低辐照度 100 W/m² 的后稳定模拟器的光强均匀度属于 B 级。Newman 等人[6]选择了两个同时闪烁的光源对 Bi-PV 模组进行表征。但是，对两次闪烁的定时和环境反射的控制要求使得检测过程具有很大的挑战性。

7.1.3　研究内容与意义

目前，国内外各光伏检测机构大多采用单面等效辐照度来检测双面光伏组件，以此来标定双面光伏组件的光电特性参数。对于此种方法，需要规避电容效应的影响，还需考虑背面电池片的均匀性，选取合适的遮光材料等问题，显然这种用模拟修正检测双面光伏组件的方法会存在误差。本章试验采用正面、背面双面打光法检测光伏组件的光电特性参数，并对比当前一些标准中单面检测的数据结果，分析双面打光检测与单面打光检测的偏差。同时，本章采用双面打光法检测光伏组件在不同正面、背面辐照度条件下的光电特性参数，用于研究双面光伏组件的真实发电性能。

考虑到国内外许多厂家和检测机构采用的仍是传统的单光源单面打光检测标准下的检测方法，本章还总结了使用双面打光法得到的检测结果与使用单面等效辐照度法得到的检测结果，对双面光伏组件进行了标定，对仅有单面辐照检测能力的企业和机构，通过标定的标准板，使用单面打光法可同样准确检测双面光伏组件的发电性能，这对实际检测、标定双面光伏组件功率具有重要意义。

7.2 试验方法

7.2.1 检测设备与光伏组件

检测设备：稳态太阳光模拟器（AAA 等级），瞬态太阳光模拟器（AAA 等级），便携 I–V 特性曲线测试仪，红外测温仪，标准电池，部分检测设备型号和备注见表 7.1。本节检测光伏组件为单晶体硅半片双面 PERC 光伏组件，标称功率为 375 W。

表 7.1 双面光伏光伏组件光电特性检测设备及型号

检 测 设 备	型　　号	备　　注
瞬态太阳光模拟器	SS3BM	100-1200 W/m², AAA 等级，有效面积 2m×1m
稳态太阳光模拟器	CTTL-PV-SLS-A	50-1000 W/m², AAA 等级，有效面积 2.0m×1.0m
红外测温仪	FLUKE	
标准电池 I 和 II	HT304N	二级标准电池

7.2.2 光伏组件性能检测

1. 双面光伏组件室内单面打光检测方法

依据 60904 标准，本次试验采用室内单面打光的方法检测双面光伏组件的光电特性参数。检测具体步骤如下。

（1）采用单面打光的方法检测 STC（25℃，AM1.5，辐照度为 1000 W/m²）条件下的光伏组件正面光电特性参数，检测时需要将光伏组件背面用遮光材料完全遮挡，避免背面功率的影响；再以同样方法检测光伏组件背面在 STC（25℃，AM1.5，辐照度为 1000 W/m²）条件下的光电特性参数。

（2）计算双面系数 φ。

确定双面短路电流系数，

$$\phi_{I_{sc}} = \frac{I_{sc,Rear}}{I_{sc,Front}} \tag{7.1}$$

确定双面功率系数，

$$\phi_{P_{max}} = \frac{P_{max,Rear}}{P_{max,Front}} \tag{7.2}$$

双面光伏组件的双面系数取双面短路电流系数和双面功率系数中的较小值。

$$\varphi = \mathrm{Min}\left(\varphi_{I_{sc}}, \varphi_{P_{max}}\right) \tag{7.3}$$

（3）确定双面系数后，正面等效辐照度计算公式为

$$G_E = 1000 + \varphi \times G_R \tag{7.4}$$

式中，G_E 为正面等效辐照度，G_R 为背面辐照度。

依据 60904 标准，必须检测至少两个不同背面的辐照度，且必须包含两个特殊的背面辐照度：G_R=100 W/m² 和 G_R=200 W/m²。

（4）本章选取的背面辐照度为 50 W/m²，100 W/m² 和 200 W/m²，通过计算得到背面辐照度对应的正面等效辐照度，使用室内单面打光检测方法，给出双面光伏组件的光电特性参数。

2. 双面光伏组件室内双面打光检测方法

依据 60904 标准，本次试验采用室内双面打光的方法检测双面光伏组件的光电特性参数。检测具体步骤如下。

（1）实验室内温度恒定为 25℃，将待测光伏组件静置 2 h 以上，使其温度稳定在 25℃±0.5℃，避免光伏组件温度差异对试验造成影响。

（2）运行瞬态太阳光模拟器，并用标准组件对模拟器进行校准，标准组件的最大功率检测值与标准组件计量校准值偏差在 0.5%以内，将光伏组件的正负端子与瞬态太阳光模拟器测试端相连，连接应确保接触良好，减小接触电阻对试验结果的影响。

（3）将待测光伏组件垂直安装在试验台上，确认光伏组件正面垂直于瞬态太

阳光模拟器的辐照光，光伏组件正面应与标准电池处于同一平面。

（4）光伏组件背面利用稳态太阳光模拟器提供的特定辐照度。运行稳态太阳光模拟器，在试验前利用另一块标准电池（区别于放置在光伏组件正面的标准电池）调整光伏组件背面所需的辐照光强，将标准电池放置在与光伏组件背面同一水平面的光伏组件边缘，使用便携式 I-V 特性曲线测试仪连接标准电池，调整稳态太阳光模拟器的输出光强，使其输出试验所需光强。

（5）保持光伏组件温度在（25±1）℃范围内，在使用红外测温仪确认光伏组件温度时，应尽量多且分散地选取光伏组件上不同的检测点确认温度，确保光伏组件温度均匀。

（6）关闭室内光源，预先调整好稳态太阳光模拟器的辐照度，打开稳态太阳光模拟器的灯门，设定光伏组件背面辐照度，并立即使用瞬态太阳光模拟器检测程序进行光电特性检测，检测完成后保存结果数据。

（7）通过调整稳态太阳光模拟器，改变光伏组件背面的辐照度；通过调整瞬态太阳光模拟器检测软件和增加低辐照滤镜的方法改变光伏组件正面的辐照度，检测双面光伏组件在不同正面、背面辐照度下的光电特性参数。

受双面光伏组件实际安装地的地理条件和天气等因素影响，双面光伏组件正面、背面所接收到的太阳光辐照存在差异，这也会导致与实验室中 STC 下双面光伏组件的光电特性参数结果出入较大，不能很好模拟光伏电站上双面光伏组件的实际发电情况。通过调研实际光伏电站的数据可以发现，在不同地域、不同天气情况下，辐照度差异巨大。例如，在西藏某些高海拔、无空气污染地区，辐照度水平可达到 1200 W/m^2 以上；而在某些存在污染，空气质量较差的地区，辐照度水平可能仅有 600 W/m^2 左右。此外，在双面光伏组件实际安装时，由于背面地表反射条件和安装方式的不同，双面光伏组件背面接收到的辐照度差异更大，即使在晴空条件下正面辐照度接近 1000 W/m^2 时，也存在由自然地面条件导致的背面辐照度远低于 100 W/m^2 的情况，而使用白色的地面板可以使双面光伏组件背面的辐照度达到 200 W/m^2 以上[12]。因此，本次实验模拟双面光伏组件在实际安装中的辐照度条件，设计正面辐照度为 100 W/m^2，200 W/m^2，400 W/m^2，600 W/m^2，800 W/m^2，1000 W/m^2，1100 W/m^2 和 1200 W/m^2；而背面辐照度除了 100 W/m^2 和 200 W/m^2 这两种在 60904 标准中规定的检测条件外，考虑到双面光伏组件所在光伏电站地面和环境反射率的差异性，首次增加了 50 W/m^2 的辐照条件，且模拟器发射光光谱匹配、光强均匀度和稳定性均达到 AAA 等级，旨在模拟背面低强度入射光情况下的光伏组件光电特性。本章通过设计光伏组件正面、背面多种辐照度，旨在表征双面光伏组件实际的户外发电能力，并为室内检测提供标准光伏组件。

7.3　试验结果与分析

7.3.1　室内单面等效辐照度检测结果

被检测光伏组件正面、背面单面在 STC 下的光电特性参数见表 7.2。由检测结果可知，辐照光由背面入射时的光伏组件效率明显低于正面入射，这主要是由光伏组件背面入射光产生的短路电流和最大功率点电流明显偏低造成的，而其他的参数，如开路电压、填充因子、最大功率点电压则基本相同。造成以上结果的主要原因是，双面光伏组件背面功率一直无法在光伏组件交易时计入发电能力，因此在光伏组件层压前，对电池片进行分档筛选时主要考虑的是正面电池片的功率和电流的匹配，而背面电池片的功率和电流匹配未考虑，因此背面光伏组件的发电能力常常低于正面光伏组件的发电能力。

表 7.2　被检测光伏组件正面、背面单面在 STC 下的光电特性参数

	正面辐照度（1000 W/m²）	背面辐照度（1000 W/m²）
V_{oc}/V	48.970	48.683
I_{sc}/A	9.771	7.854
P_{max}/W	376.976	299.837
V_{mpp}/V	40.580	41.471
I_{mpp}/A	9.290	7.230
FF/(%)	78.79	78.42

通过计算双面光伏组件的短路电流双面系数和最大功率双面系数，获得该光伏组件的双面系数 φ，

$$\varphi_{I_{sc}} = \frac{I_{sc,Rear}}{I_{sc,Front}} = \frac{7.854}{9.771} = 80.4\%$$

$$\varphi_{P_{max}} = \frac{P_{max,Rear}}{P_{max,Front}} = \frac{299.837}{376.976} = 79.5\%$$

$$\varphi = Min\left(\varphi_{I_{sc}}, \varphi_{P_{max}}\right) = \varphi_{P_{max}} = 79.5\%$$

确定双面系数 φ 后，计算出不同背面辐照度对应的正面等效辐照度。本次试验设计的背面辐照度为

$$G_R = 50 \text{ W/m}^2, \quad G_R = 100 \text{ W/m}^2, \quad G_R = 200 \text{ W/m}^2$$

通过式（7.1）计算可得，

$$G_E=1000+\varphi \times G_R =1039.7 \text{ W/m}^2，G_R=50 \text{ W/m}^2$$
$$G_E=1000+\varphi \times G_R =1079.5 \text{ W/m}^2，G_R=100 \text{ W/m}^2$$
$$G_E=1000+\varphi \times G_R =1159.0 \text{ W/m}^2，G_R=200 \text{ W/m}^2$$

依据计算得到的双面光伏组件正面等效辐照度，使用光伏组件正面单面打光，同时遮挡光伏组件背面的检测方法，分别检测光伏组件对应的背面辐照度是 50 W/m² 、100 W/m² 和 200 W/m² 的组件正面不同等效辐照度条件下的光电特性参数（光伏组件温度为 25℃），见表 7.3。

表 7.3 光伏组件正面不同等效辐照度条件下的光电特性参数

G_E/(W/m²)	V_{oc}/V	I_{sc}/A	P_{max}/W	V_{mpp}/V	I_{mpp}/A	FF/(%)
1039.7	49.124	10.148	392.025	40.663	9.641	78.64
1079.5	49.174	10.534	406.555	40.632	10.006	78.49
1159	49.303	11.308	436.021	40.624	10.733	78.21

在正面辐照度为 1000 W/m² 时，该双面光伏组件的背面辐照度（G_R）或正面等效辐照度（G_E）与最大功率（P_{max}）之间的函数关系如图 7.1 所示。

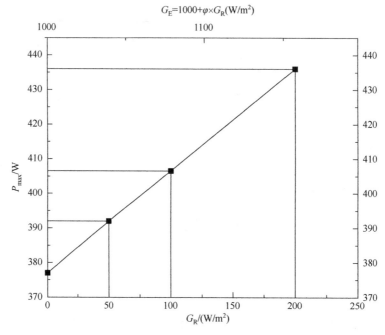

图 7.1 背面辐照度（G_R）或正面等效辐照度（G_E）与最大功率（P_{max}）之间的函数关系（φ=79.5%）

通过检测软件，使用函数拟合法计算出该光伏组件背面辐照度（G_R）与最大功率（P_{max}）之间的函数关系为

$$P_{max}=0.2948G_R+377.1$$

60904 标准将函数的斜率定义为 BiFi，表示双面光伏组件除了在 STC 下获得的功率外，每单位背面辐照度获得的功率增益。取 $\varphi=79.5\%$ 的等效辐照度 G_E 测试，BiFi=0.2948 W（W·m^{-2}），光伏组件的最大功率与 BiFi 计算值偏差见表 7.4。

表 7.4　光伏组件的最大功率与 BiFi 计算值偏差

$G_R/(W/m^2)$	$G_E/(W/m^2)$	$P_{max}G_E/W$	$P_{max}BiFiG_R/W$	$\Delta P_{max}/(\%)$
0	1000	376.976	377.1	−0.0003
50	1039.7	392.025	391.965	+0.0002
100	1079.5	406.555	406.64	−0.0002
200	1159	436.021	435.99	+0.0001

此外，取双面短路电流系数为光伏组件双面系数 $\varphi=\varphi_{I_{SC}}=80.4\%$，计算出 3 种正面等效辐照度：

$$G_E=1000+BiFi\times G_R=1040.2 \text{ W/m}^2, \quad G_R=50 \text{ W/m}^2$$

$$G_E=1000+BiFi\times G_R=1080.4 \text{ W/m}^2, \quad G_R=100 \text{ W/m}^2$$

$$G_E=1000+BiFi\times G_R=1160.8 \text{ W/m}^2, \quad G_R=200 \text{ W/m}^2$$

计算出光伏组件正面等效辐照度后，使用单面打光的方法，遮挡光伏组件背面，检测 3 种正面等效辐照度情况下的光伏组件光电特性参数，见表 7.5（25 ℃，AM1.5G）。

表 7.5　3 种正面等效辐照度情况下的光伏组件光电特性参数

$G_E/(W/m^2)$	V_{oc}/V	I_{sc}/A	P_{max}/W	V_{mpp}/V	I_{mpp}/A	FF/(%)
1040.2	49.128	10.158	392.469	40.646	9.656	78.64
1080.4	49.210	10.540	407.485	40.671	10.019	78.56
1160.8	49.340	11.327	437.537	40.657	10.762	78.29

7.3.2　双面打光检测结果

根据 60904 标准的规定，背面辐照度必须考虑 100 W/m^2 和 200 W/m^2 这两个

值，为体现背面低辐照度情况下的发电性能，试验增加了背面辐照度为 50 W/m² 的辐照条件，即本次双面打光检测的背面辐照度条件为 G_R=50 W/m²、100 W/m²、200 W/m² 这 3 种。光伏组件一年四季、从早到晚的表面辐照度变化很大，因此光伏组件正面辐照度检测条件不应该只限于 1000 W/m² 以内，本试验采用的正面辐照度为 100 W/m²、200 W/m²、400 W/m²、600 W/m²、800 W/m²、1000 W/m²、1100 W/m² 和 1200 W/m²。

本试验是国内实验室首次采用 AAA 等级的 50 W/m² 辐照度的背面辐照光检测双面光伏组件的光电特性参数，试验所使用的稳态太阳光模拟器在 50 W/m² 辐照度条件下的光谱匹配度、辐照不均匀度、辐照不稳定度经测量均达到了 AAA 级。

使用双面打光的检测方法，检测光伏组件在正面、背面同时打光情况下的光电特性参数；使用 Origin 作图软件，将不同辐照度条件下的光伏组件电流-电压（$I-V$）特性曲线绘制在同一坐标系中。图 7.2、图 7.3 是背面辐照度分别为 50 W/m²、100 W/m²，正面辐照度为 100～1200 W/m² 时的 $I-V$ 特性曲线图。图 7.4 是背面辐照度为 200 W/m²，正面辐照度为 200～1200 W/m² 时的 $I-V$ 特性曲线图。

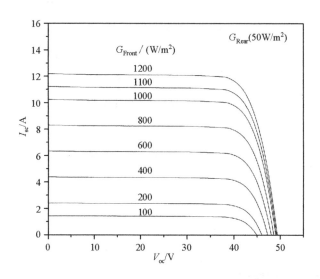

图 7.2　背面辐照度为 50 W/m²，正面辐照度为 100～1200 W/m² 时的 $I-V$ 特性曲线图

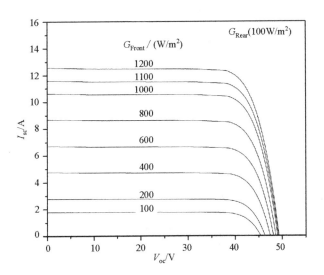

图 7.3　背面辐照度为 100 W/m², 正面辐照度为 100~1200 W/m² 时的 $I-V$ 特性曲线图

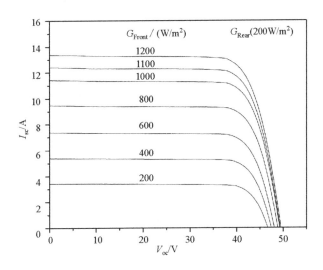

图 7.4　背面辐照度为 200 W/m², 正面辐照度为 200~1200 W/m² 时的 $I-V$ 特性曲线图

　　通过将不同正面、背面辐照度组合下得到的 $I-V$ 特性曲线绘制在同一坐标系中, 可以看出在同一背面辐照度下, 光伏组件的各个光电性能参数都随着正面辐照度的变化而变化, 且变化趋势不同。

1. 正面辐照度变化对光伏组件短路电流和最大功率的影响

根据检测结果，绘制出同一背面辐照度，不同正面辐照度下的光伏组件短路电流和最大功率变化情况。图 7.5 和图 7.6 分别是双面光伏组件背面辐照度为 50 W/m²、100 W/m²、200W/m² 时不同正面辐照度下的短路电流和最大功率变化曲线。可以看出，在同样地背面辐照度情况下，随着光伏组件正面辐照度的增大，光伏组件的最大功率和短路电流都相应增大，且光伏组件最大功率与短路电流的变化都呈线性变化趋势，接近正比于光伏组件的正面辐照度变化。容易得出结论：$I_{sc} \propto k_1 \times G_{Front}$，$P_{max} \propto k_2 \times G_{Front}$。

2. 正面辐照度变化对光伏组件开路电压的影响

根据检测结果，绘制出同一背面辐照度，不同正面辐照度下的光伏组件开路电压变化情况。图 7.7 是双面光伏组件在背面辐照度为 50 W/m²、100 W/m²，200 W/m² 时不同正面辐照度下的开路电压变化曲线。在同样背面辐照度情况下，开路电压都随正面辐照度的增大而增大。在正面辐照度小于 400 W/m² 时，开路电压随辐照度的增加而迅速增长；在正面辐照度大于 400 W/m² 时，开路电压的增长速率越来越慢。

由试验数据可以看出，在双面光伏组件背面辐照度相同的条件下，光伏组件的开路电压随正面辐照度的增加而非线性增加。

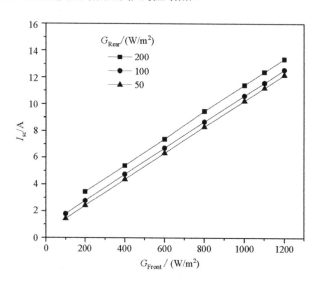

图 7.5　背面辐照度为 50 W/m²、100 W/m²、200 W/m² 时不同正面辐照度下的短路电流变化曲线

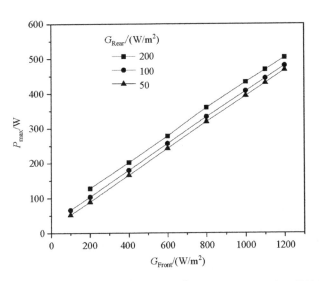

图 7.6 背面辐照度为 50 W/m²、100 W/m²、200W/m² 时不同正面辐照度下的最大功率变化曲线

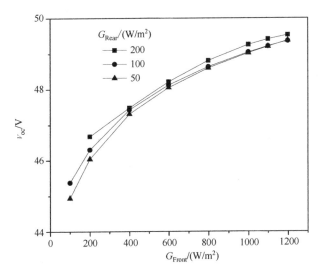

图 7.7 背面辐照度为 50 W/m²、100 W/m²、200 W/m² 时不同正面
辐照度下的开路电压变化曲线

7.3.3 使用单面等效辐照度法与双面打光法进行检测的功率结果差异

在使用单面等效辐照度法和双面打光法检测出双面光伏组件的光电特性
参数后，对比两种方法得到的检测结果的差异。对正面辐照度 1000 W/m²，背
面辐照度 50 W/m² 情况下使用 3 种检测方法得到的光电特性参数进行对比，见表

7.6。其中，a 表示单面等效辐照度法（$\varphi = \varphi_{P_{\max}} = 79.5\%$），b 表示单面等效辐照度法（$\varphi = \varphi_{I_{sc}} = 80.4\%$），c 表示双面打光法，以双面打光法检测结果作为基准数据进行对比。

从表 7.6 中可以看出，方法 a 与方法 c 的 $P_{\max}$ 偏差为-0.31%，V_{oc} 偏差为0.18%，I_{sc} 偏差为-0.74%；而方法 b 与方法 c 的 $P_{\max}$ 偏差为-0.19%，V_{oc} 偏差为0.19%，I_{sc} 偏差为-0.65%。而相比选择双面系数 $\varphi = \varphi_{P_{\max}} = 79.5\%$ 的单面等效辐照度法，选取双面系数 $\varphi = \varphi_{I_{sc}} = 80.4\%$ 的单面等效辐照度法与双面打光法检测得到的结果较为接近，功率偏差较小，说明在该辐照度条件下使用双面系数 $\varphi = \varphi_{I_{sc}} = 80.4\%$ 的单面等效辐照度法可以很好地模拟光伏组件双面打光的效果。

表 7.6　正面辐照度 1000 W/m², 背面辐照度 50 W/m² 情况下使用 3 种检测方法得到的光电特性参数

检测方法	V_{oc}/V	I_{sc}/A	$P_{\max}$/W	V_{mpp}/V	I_{mpp}/A	FF/(%)
a	49.124	10.148	392.025	40.663	9.641	78.64
b	49.128	10.158	392.469	40.646	9.656	78.64
c	49.037	10.224	393.231	40.565	9.694	78.44

对正面辐照度 1000W/m²，背面辐照度 100W/m² 情况下使用 3 种检测方法得到的光电特性参数进行对比，见表 7.7。从表中可以看出，3 种方法得出的光电特性参数偏差都较小。其中方法 a 与方法 c 的 $P_{\max}$ 偏差为-0.09%，V_{oc} 偏差为0.24%，I_{sc} 偏差为-0.73%；而方法 b 与方法 c 的 $P_{\max}$ 偏差为 0.14%，V_{oc} 偏差为0.32%，I_{sc} 偏差为-0.67%。在正面辐照度 1000 W/m²，背面辐照度 100 W/m² 的条件下，可以看出，使用双面系数 $\varphi = \varphi_{P_{\max}} = 79.5\%$ 的单面等效辐照度法与双面打光法检测得到的结果较为接近，功率偏差较小，说明在该辐照度条件下使用双面系数 $\varphi = \varphi_{P_{\max}} = 79.5\%$ 的单面等效辐照度法可以很好地模拟光伏组件双面打光的效果。

表 7.7　正面辐照度 1000 W/m², 背面辐照度 100 W/m² 情况下使用 3 种检测方法得到的光电特性参数

检测方法	V_{oc}/V	I_{sc}/A	$P_{\max}$/W	V_{mpp}/V	I_{mpp}/A	FF/(%)
a	49.174	10.534	406.555	40.632	10.006	78.49
b	49.210	10.540	407.485	40.671	10.019	78.56
c	49.054	10.611	406.915	40.507	10.046	78.18

对正面辐照度 1000 W/m²，背面辐照度 200 W/m² 情况下使用 3 种检测方法得到的光电特性参数进行对比，见表 7.8。从表中可以看出，在正面辐照度 1000

W/m^2，背面辐照度 200 W/m^2 的情况下，两种单面等效辐照度法与双面打光法检测所得出的光电特性参数偏差相比背面辐照度为 50 W/m^2 和 100 W/m^2 两种情况较大。其中方法 a 与方法 c 的 P_{max} 偏差为 0.77%，V_{oc} 偏差为 0.08%，I_{sc} 偏差为 −0.88%。在正面辐照度 1000 W/m^2，背面辐照度 200 W/m^2 的条件下，使用双面系数 $\varphi = \varphi_{P_{max}} = 79.5\%$ 的单面等效辐照度法得到的光电特性检测结果与双面打光法更接近。

表 7.8　正面辐照度 1000 W/m^2，背面辐照度 200 W/m^2 情况下使用 3 种检测方法得到的光电特性参数

检测方法	V_{oc}/V	I_{sc}/A	P_{max}/W	V_{mpp}/V	I_{mpp}/A	FF/(%)
a	49.303	11.308	436.021	40.624	10.733	78.21
b	49.340	11.327	437.537	40.657	10.762	78.29
c	49.263	11.408	432.708	40.177	10.770	76.99

7.3.4　不同双面系数下的单面等效辐照度法与双面打光法检测结果对比

通过对比正面辐照度 1000 W/m^2，背面 50 W/m^2，100 W/m^2，200 W/m^2 这 3 种情况下的 3 种不同检测方法的数据结果，容易发现，在背面辐照度为 100 W/m^2 和 200 W/m^2 的情况下，使用双面系数 $\varphi = \varphi_{P_{max}} = 79.5\%$ 的单面等效辐照度法与双面打光法得到的检测结果较为接近；而在背面辐照度为 50 W/m^2 的情况下，使用双面系数 $\varphi = \varphi_{I_{sc}} = 80.4\%$ 的单面等效辐照度法与双面打光法得到的检测结果较为接近。方法 a 和方法 b 由于选取的双面系数（$\varphi_{I_{sc}}$，$\varphi_{P_{max}}$）不同，计算出的正面等效辐照度也不同。

对比两种双面系数的单面等效辐照度法与双面打光法检测结果的差异，以确定在不同正面辐照度情况下如何选取合适的双面系数，从而更加准确地检测双面光伏组件的最大功率。本试验设计了多组不同正面、背面辐照度条件：正面分别为 1000 W/m^2 和 800 W/m^2；背面分别为 50 W/m^2、75 W/m^2、100 W/m^2、150 W/m^2、200 W/m^2 和 300 W/m^2。试验步骤如下。

（1）确定正面、背面辐照度后，选取两种不同的双面系数计算出对应的正面等效辐照度。

（2）使用单面打光法，遮挡光伏组件背面，调整所需的正面等效辐照度，检测出光伏组件的光电特性参数。

（3）使用双面打光法，检测出不同正面、背面辐照度组合下的光伏组件光电特性参数，将双面打光法的检测结果作为光伏组件的基准数据，分析两种双面系数的单面等效辐照度法检测数据与基准数据的偏差，结果见表 7.9。

表 7.9　两种双面系数的单面等效辐照度法检测数据与基准数据的偏差

正面辐照度/（W/m²）	背面辐照度/（W/m²）	双面系数取 $\varphi_{I_{sc}} = 80.4\%$ 时的单面等效辐照度法检测得到的 P_{max}/W	双面系数取 $\varphi_{P_{max}} = 79.5\%$ 时的单面等效辐照度法检测得到的 P_{max}/W	双面打光法检测得到的 P_{max}/W	P_{max} 偏差较小的双面系数
1000	50	392.469	392.025	393.231	$\varphi_{I_{sc}} = 80.4\%$
	75	397.800	397.540	398.018	$\varphi_{I_{sc}} = 80.4\%$
	100	407.485	406.555	406.915	$\varphi_{P_{max}} = 79.5\%$
	150	420.005	419.646	420.297	$\varphi_{P_{max}} = 79.5\%$
	200	437.537	436.021	432.708	$\varphi_{P_{max}} = 79.5\%$
	300	464.441	463.339	463.915	$\varphi_{P_{max}} = 79.5\%$
800	50	315.842	315.668	318.576	$\varphi_{I_{sc}} = 80.4\%$
	75	323.319	323.168	324.240	$\varphi_{I_{sc}} = 80.4\%$
	100	330.806	330.799	332.654	$\varphi_{I_{sc}} = 80.4\%$
	150	346.431	345.608	345.917	$\varphi_{P_{max}} = 79.5\%$
	200	360.832	360.266	359.507	$\varphi_{P_{max}} = 79.5\%$
	300	390.801	389.798	390.453	$\varphi_{P_{max}} = 79.5\%$

从检测结果来看，在不同辐照度情况下，两种不同的双面系数的单面等效辐照度法对光伏组件最大功率的拟合程度存在差异。当正面辐照度为 1000 W/m²，背面的辐照度较低时（50 W/m² 和 75 W/m²），选取双面系数 $\varphi_{I_{sc}} = 80.4\%$ 所对应的正面辐照度法检测得到的光伏组件最大功率与使用双面打光法检测得到的最大功率偏差较小；而当背面辐照度逐渐增大（100 W/m²、150 W/m²、200 W/m² 和 300 W/m²）时，则选取双面系数 $\varphi_{P_{max}} = 79.5\%$ 所对应的单面辐照度法检测得到的光伏组件最大功率与双面打光法检测得到的最大功率偏差较小。在正面辐照度 800 W/m² 与正面辐照度 1000 W/m² 下，光伏组件光电特性参数有着一样的变化规律，不同的是当背面辐照度为 100 W/m² 时，选取双面系数 $\varphi_{I_{sc}} = 80.4\%$ 所对应的单面辐照度法检测得到的光伏组件最大功率与双面打光法检测得到的最大功率偏差较小，而在光伏组件背面辐照度较大时（200 W/m² 和 300 W/m²），选取双面

系数 $\varphi_{P_{\max}}$ =79.5% 所对应的单面辐照度法检测得到的光伏组件最大功率较为适合。这可能是由于正面的辐照度降低所导致的，从而使得适合选取双面系数 $\varphi_{I_{sc}}$ =80.4% 的单面等效辐照度法的背面辐照度范围变大。

7.3.5　双面打光法在实际检测中的应用

目前双面光伏组件成为国内主流产品，而大部分企业甚至实验室仍未配备双面光伏组件，只能采用单面等效辐照度法来检测双面光伏组件的功率，其主要原因是，在使用双面打光法进行检测时，光伏组件正面、背面都需要用太阳光模拟器提供光源，尤其是背面低辐照度（低于 100 W/m²）的 AAA 级太阳光模拟器的设备技术难度高、成本昂贵。因此，可以在有检测能力的实验室标定双面光伏组件标准板，有利于光伏组件生产厂家使用单面打光法对同一种型号的双面光伏组件进行更准确的光电特性参数检测。

以本章试验所用的单晶半片双面 PERC 光伏组件为例，标定双面光伏组件的标准板步骤如下。

（1）确定光伏组件的背面反射率（考虑到实际安装的条件不同，可自行决定），实验设计背面反射率为 10%，在此反射率情况下，设计光伏组件正面、背面辐照度组合为 1000 W/m²+100 W/m²，800 W/m²+80 W/m²，600 W/m²+60 W/m²；背面反射率为 20%，在此反射率情况下，设计光伏组件正面、背面辐照度组合为 1000 W/m²+ 200 W/m²，800 W/m²+160 W/m²，600 W/m²+120 W/m²，400 W/m²+80 W/m²。

（2）使用双面打光法测出上述辐照度情况下的光伏组件最大功率 P_{DT}。

（3）使用单面打光检测的方法，遮挡光伏组件背面，通过调整正面的辐照度，直到检测出的光伏组件最大功率与双面打光法测得的 P_{DT} 一致，检测结果见表 7.10。

表 7.10　标定双面光伏组件标准板试验的参数和检测结果

光伏组件背面反射率/（%）	正面、背面辐照度组合/（W/m²）	双面打光法测得的光伏组件最大功率 P_{DT}/W	使用单面打光法测得 P_{DT} 时对应的正面辐照度/（W/m²）
10	1000+100	406.915	1079.94
	800+80	325.628	870.38
	600+60	243.772	656.07

续表

光伏组件背面反射率/（%）	正面、背面辐照度组合/（W/m²）	双面打光法测得的光伏组件最大功率 P_{DT}/W	使用单面打光法测得 P_{DT} 时对应的正面辐照度/（W/m²）
20	1000+200	432.708	1152.37
	800+160	348.383	932.47
	600+120	261.012	703.94
	400+80	172.247	473.31

得到使用单面打光法测得 P_{DT} 时对应的正面辐照度 G_E 后，可使用 G_E 得到等效双面打光的综合功率。考虑到使用双面打光法还需要调整背面辐照度，等待光源稳定，不仅增加了检测时间，还增加了检测成本。使用标定双面光伏组件标准板的方法可以很好地解决上述问题，考虑到电池工艺，光伏玻璃等的差异，不同类型的双面光伏组件需要重新标定标准板。此外，我们可根据光伏组件的实际安装条件，调整双面打光法的辐照度条件，从而标定在不同辐照度情况下的标准板，这种方法可应用于光伏电站上安装的双面光伏组件。

7.4 总结

本章依据 60904 标准对双面光伏组件光电特性参数的检测方法进行了研究。分别使用了单面等效辐照度法和双面打光法两种方法检测了双面光伏组件的光电特性参数。除此之外，本章还利用双面打光法检测了不同正面、背面辐照度组合下的光伏组件光电特性参数，以模拟双面光伏组件在实际安装应用中不同正面、背面辐照度组合下的光电特性。双面光伏组件的光电特性参数随光伏组件正面辐照度的变化趋势与单面光伏组件相同。通过对比分析选取两种不同双面系数的单面等效辐照度法和双面打光法所获得的检测数据结果容易发现，在不同辐照度条件下，两种不同双面系数对应的单面辐照度法检测出的光伏组件光电特性参数与双面打光法检测出的参数互有差异。从已知的检测数据可得到如下结论，在相同正面辐照度条件下，当背面辐照度较低时，选取双面系数 $\varphi_{I_{sc}} = 80.4\%$ 对应的单面等效辐照度法检测出的光电特性参数与双面打光法检测出的结果更接近；而当背面辐照度增加时，选取双面系数 $\varphi_{P_{max}} = 79.5\%$ 对应的单面等效辐照度法检测出的光电特性参数与双面打光法检测出的结果更接近；若降低正面辐照度，适合选

取双面系数 $\varphi_{I_{sc}} = 80.4\%$ 的单面辐照度法的背面辐照度范围变大。但考虑到检测光伏组件数量较少，尚不能轻易下结论，这也是今后下一步工作的方向。本次试验还提出了一种标定双面光伏组件标准板的方法，通过此标准板，可以通过调整正面辐照度，由单面打光法检测出双面光伏组件的光电特性参数，这对实际检测具有重要意义。

参 考 文 献

［1］　IEC 60904-1-2-2019: Photovoltaic devices-Part 1-2: Measurement of current-voltage characteristics of Bi-PV module devices.

［2］　Liang, T.S., Poh, D., Pravettoni, M., 2018. Challenges in the pre-normative characterization of bifacial photovoltaic modules, Energy Procedia 150, 66-73.

［3］　Lopez-Garcia, J., Casado, A., Sample, T., 2019. Electrical performance of bifacial silicon PV modules under different indoor mounting configurations affecting the rear reflected irradiance, Solar Energy 177, 471-482.

［4］　H. Ohtsuka, M. Sakamoto, M. Koyama, K. Tsutsui, T. Uematsu, Y. Yazawa, Characteristics of bifacial solar cells under bifacial illumination with various intensity levels, Prog. Photovolt: Res. Appl. 9 (2001) 1-13.

［5］　Roest, S., Nawara, W., Van Aken, B.B., Garcia-Goma, E., 2017. Single side versus double side illumination method IV measurements for several types of bifacial PV modules. In: 33rd European Photovoltaic Solar Energy Conference and Exhibition, pp.1427-1431.

［6］　Newman, B., Carr, A., Groot, K., Dekker, N.J.J., Van Aken, B.B., Vlooswijk, A., Van deLoo, A., 2017. Comparison of bifacial module laboratory testing methods. In: 33rd European Photovoltaic Solar Energy Conference and Exhibition, pp. 1632–1635.

反侵权盗版声明

电子工业出版社依法对本作品享有专有出版权。任何未经权利人书面许可，复制、销售或通过信息网络传播本作品的行为；歪曲、篡改、剽窃本作品的行为，均违反《中华人民共和国著作权法》，其行为人应承担相应的民事责任和行政责任，构成犯罪的，将被依法追究刑事责任。

为了维护市场秩序，保护权利人的合法权益，我社将依法查处和打击侵权盗版的单位和个人。欢迎社会各界人士积极举报侵权盗版行为，本社将奖励举报有功人员，并保证举报人的信息不被泄露。

举报电话：（010）88254396；（010）88258888

传　　真：（010）88254397

E-mail：　dbqq@phei.com.cn

通信地址：北京市万寿路 173 信箱

　　　　　电子工业出版社总编办公室

邮　　编：100036